実践

Node-RED
ノード　レッド

活用マニュアル

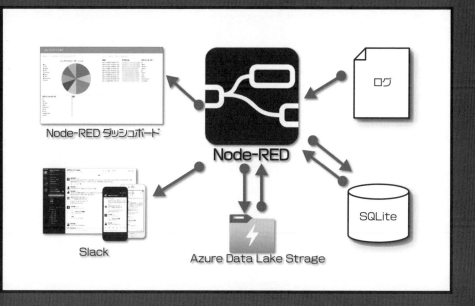

Node-RED ダッシュボード

Slack

Azure Data Lake Strage

Node-RED

ログ

SQLite

はじめに

「Node-RED」は「ハードウェア」や「API」「オンラインサービス」など、さまざまな仕組みにつなぐことができます。

さらに、やり取りしたデータを組み合わせたり整えたりすることもでき、みなさんが使う「ユースケース」に合わせて作ることができます。

＊

本書は「Node-RED ユーザーグループ ジャパン」の有志が集まって工学社 月刊誌I/O でリレー連載した知見を元にして、そのときの著者の皆さんが、もう一度まとめたものを掲載しています。

月刊誌I/O には、2020年5月の現在も連載中で、Node-REDの事例が共有され続けています。

内容は、実際に現場で使われている「オンラインサービス」「ソフトウェア」や「ハードウェア」との「Node-RED」連携を中心に扱っています。

いろいろな実践的な事例から、自分に合ったものを探すことができるでしょう。

＊

また、前著の「はじめてのNode-RED 改訂版」でNode-REDの基本的な使い方や可能性をつかんだ方が、次のステップとして、より踏み込んで学べる内容です。

＊

「Node-RED」は 2019年に「1.0」となり、進化し続けています。

本書からいろいろとつながって広がる「Node-REDの可能性」を感じて、ぜひみなさんのサービスに取り入れてみてください。

Node-RED ユーザーグループ ジャパン

実践

Node-RED
ノード　　レッド
活用マニュアル

CONTENTS

「サンプル・プログラム」のダウンロード

　本書の「サンプル・プログラム」は、工学社ホームページのサポートコーナーから
ダウンロードできます。

＜工学社ホームページ＞

http://www.kohgakusha.co.jp/support.html

　ダウンロードしたファイルを解凍するには、下記のパスワードを入力してください。

F7JgYrB2bxFR

すべて「半角」で、「大文字」「小文字」を間違えないように入力してください。

第 **1** 章

インストールについて

「Node-RED」をはじめる上でスタートとなる、「インストール」について解説します。

※2020年5月18日時点での情報で進めます。

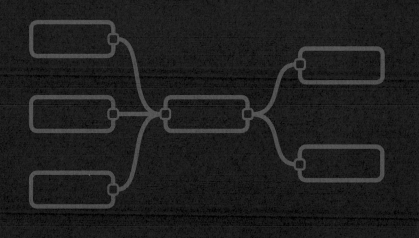

1-1 インストール

　本書で紹介している「Node-RED」のインストール事例は、「クラウドサービス」「Raspberry Pi などの IoT 関連機器」や、「手元の PC」でのインストール――といった、さまざまな方法があります。

＊

　以下のページでさまざまなインストールについて、豊富なケースが日本語で紹介されています。

　英語のドキュメントを、日本の有志メンバーで翻訳しています。
　最新情報が更新されているので、こちらを確認するといいでしょう。

図 1-1　Getting Started

Getting Started
https://nodered.jp/docs/getting-started/

■Node-RED の現在のバージョン

　Node-RED のバージョンは、通常の「npmパッケージ」のインストールを行なう前提で、2020年5月18日時点では「1.0.6」となっています。

図1-2　Node-RED

　バージョンも正式に「1.0」となり、以前と比べるとさまざまな改善や機能追加が行なわれています。

　「以前のバージョンとの比較」についての詳細は、**第2章の2-2** で詳しく紹介します。

■ローカル実行について

　ここでは、すぐに手元のPCで試せる「ローカル」でNode-REDを実行する手順を説明します。

　先ほど紹介したインストール集の中から、以下のページを元に紹介します。

ローカルでNode-REDを実行する
https://nodered.jp/docs/getting-started/local

手 順

[1] Node-RED を動かす「Node.js」の推奨バージョン
　まず、Node-RED を動作させるには「**Node.js**」が必要です。

　Node-RED は、現在「**Node 10.x LTS**」を推奨しています。
　「サポートバージョン」(利用可能なバージョン)という点では、バージョン10
よりも先の「**バージョン 12.x**」についても紹介しています。

　「最新情報」については、以下のページを参考にしてください。

サポートされている**Node**のバージョン
https://nodered.jp/docs/faq/node-versions

---

[2] Node-RED をインストール
　「Node.js」とともにインストールされる「**npm コマンド**」を利用して、Node-
RED をインストールします。

・「**Mac**」の場合は、

```
sudo npm install -g --unsafe-perm node-red
```

・「**Windows**」の場合は、

```
npm install -g node-red
```

というコマンドでインストールしましょう。
＊
　コマンド出力の最後の部分が、以下のようになれば、インストール成功です。

```
+ node-red@1.0.6
added 330 packages from 339 contributors in 17.714s
```

[3] Node-RED を起動

インストールできたら、

```
node-red
```

というコマンドで実行します。

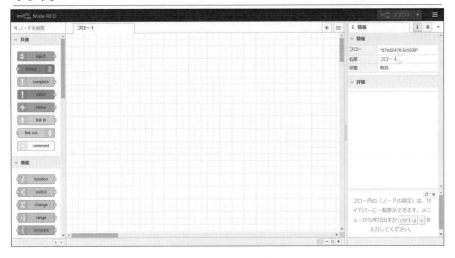

```
17 May 21:56:55 - [info]

Welcome to Node-RED
===================

17 May 21:56:55 - [info] Node-RED version: v1.0.6
17 May 21:56:55 - [info] Node.js  version: v14.1.0
17 May 21:56:55 - [info] Windows_NT 10.0.18363 x64 LE
17 May 21:56:56 - [info] Loading palette nodes
17 May 21:56:58 - [info] Dashboard version 2.19.3 started at /ui
17 May 21:56:58 - [info] Settings file  : ¥Users¥tnkse¥.node-red¥settings.js
17 May 21:56:58 - [info] Context store  : 'default' [module=memory]
17 May 21:56:58 - [info] User directory : ¥Users¥tnkse¥.node-red
17 May 21:56:58 - [warn] Projects disabled : editorTheme.projects.enabled=false
17 May 21:56:58 - [info] Flows file  : ¥Users¥tnkse¥.node-red¥flows_DESKTOP-944VQIO.json
17 May 21:56:58 - [info] Server now running at http://127.0.0.1:1880/
```

図1-3 起動ログ

「起動ログ」が表示されたら、ブラウザで「http://localhost:1880/」でアクセスします。

図1-4 Node-RED画面

このように表示されれば Node-RED をはじめることができます。

*

11

　繰り返しとなりますが、本書籍の事例の Node-RED の実行環境は多岐に及ぶので、各章の環境をご確認ください。

　もちろん、その中で、このローカル実行で動作するものもあります。

　ぜひ、試してみましょう。

1-2 「デスクトップ・アプリ」で起動する方法

　最近は「Electron」という、Node.js の仕組みを「デスクトップで動くアプリ化」する手法が整ってきました。

　さまざまな企業や個人が Node-RED を「デスクトップ・アプリ」で動くように開発しています。

　ここでは、一例として sakazuki さんの開発している「Node-RED デスクトップ」のURLを紹介します。

---

https://sakazuki.github.io/node-red-desktop/ja/

　この手法は、「デスクトップ・アプリ」そのものに「Node.js」が動作し Node-RED も内包されています。

　そのため、バイナリをインストールすれば、すぐに使えるというメリットがあります。

　「Node.js」のインストールや設定に慣れていない人は、手元のPCで試したいときに、こちらも検討してみるといいでしょう。

第2章

「Node-RED v1.0」について

Node-REDは、6年間の開発と88回のバージョンアップを経て、2019年9月30日に正式版の「v1.0」がリリースされました。

ここでは、「Node-RED v1.0の新機能」や「v1.0の開発ロードマップ上で追加されてきた機能」について、紹介します。

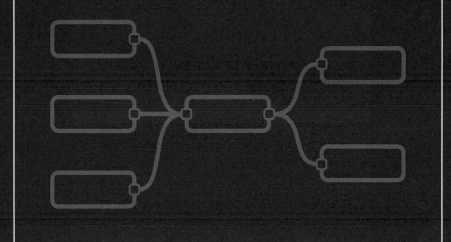

2-1 「Node-RED v1.0」の機能紹介

「Node-RED」は、「MQTTプロトコル」や「ブロックチェーン」の技術開発で有名な、「IBM Hursley」で、2014年に開発されました。

その後、以下の年表のように、「オープンな開発」や「普及」が順調に進んでいきました。

- 2014年: 英国IBMで開発され、のちにOSS化
- 2015年: 「Raspberry Pi」のOSイメージにプレインストール
- 2016年: 「The Linux Foundation」傘下の「OpenJS Foundation」に寄贈され、コミュニティドリブンのオープンな開発開始
- 2017年: 「Node-RED v1.0」の開発ロードマップ発表
- 2018年: 100万ダウンロード突破
- 2019年: 「正式版v1.0」リリース
- 2020年4月現在: 250万ダウンロード以上、提供されているノード2500個以上

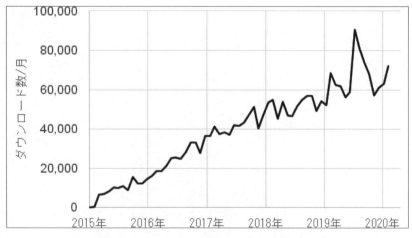

図2-1　　Node-REDのダウンロード数の伸び

　図2-5の通り Node-RED のプログラムが配布されている「npmjs」からのダウンロード数は日を追う毎に伸びており、今では月あたりのダウンロードが「10万回」に達しそうな勢いがあります。

　また、企業においても、以下のような製品やサービスで Node-RED が活用されています。

　「IoT 分野」に力を入れている、さまざまな企業で採用されていることが分かります。

•IBM, Node-RED on IBM Cloud	•Cisco, Meraki
•Intel, Intel IoT Gateway	•Siemens,SIMATIC IOT2020,
•Uhuru, enebular	MindSphere Visual Flow Creator
•STMicroelectronics,	•Schneider Electric, Edge Box
STM32 CubeMonitor	•Sense Tecnic, FRED
•AT&T, AT&T IoT Platform	•Particle, IoT Rules Engine
•NEC, Obbligato,	•日立製作所,
CONNEXIVE IoT	Lumada Solution Hub
Connectivity Engine	•Hewlett Packard Enterprise,
•LG, Workflow Designer	Edgeline OT Link
•さくらインターネット,	•富士通, COLMINA Platform,
さくらのクラウド	INTELLIEDGE A700 Appliance
•Samsung, Artik,	•ぷらっとホーム, OpenBlocks
Samsung Automation Studio	•東芝, SPINEX
•GE, Predix Developer Kit	•Nokia, Nokia Innovation Platform

　Node-RED は「OSS」であり、「ベンダ・ロックイン」がないため、最近では図2-6の様に、クラウドベンダのオフィシャルブログでも Node-RED が紹介されるようになってきました。

　正式版の「v1.0」がリリースされたことで、今後もさらに企業での活用が進んでいくと思われます。

図2-2　クラウドベンダのウェブサイトでのNode-RED紹介

2-2　新機能紹介

「Node-RED v1.0」は、Node-RED が安定し、「プロダクション利用」のための整備が整ったことを表わすリリースとなっています。

ここでは、「v1.0」のタイミングで追加された、主に「フローエディタ」の新機能を紹介していきます。

■パレットのカテゴリ、ノードの配置変更

フローエディタの、「パレットのカテゴリ」や「ノードの配置」が分かりやすくなりました。

Node-RED v1.0では、**図2-7**の**右側**のようにパレットが「共通」「機能」「ネットワーク」「シーケンス」「パーサ」「ストレージ」などのカテゴリでノードが分類されるようになっています。

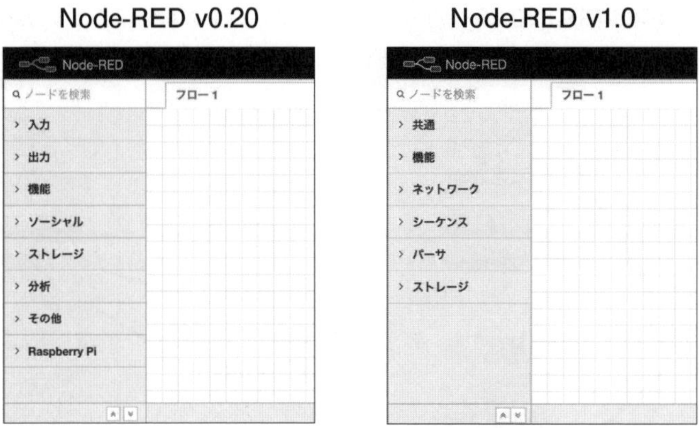

Node-RED v0.20   Node-RED v1.0

図2-3 「パレット」のカテゴリ変更

　前バージョンの「Node-RED v0.20」までは、**図2-7の左側**のように、「入力」「出力」「機能」などのカテゴリとなっていました。

　それぞれ、右側に端子があるノードが**「入力」カテゴリ**に入り、左側に端子があるノードが**「出力」カテゴリ**、その他は主に**「機能」カテゴリ**に入る、というシンプルな分類だったため、「機能」カテゴリのノード数が膨れ上がってゆく傾向がありました。

＊

　Node-RED v1.0からは、「inject」ノードや「debug」ノードなどの基本ノードは「共通」カテゴリに入りました。

　また、ネットワークを用いるノードは**「ネットワーク」カテゴリ**に、パースを行なうノードは**「パーサ」カテゴリ**に入っています。

　目的ごとにカテゴリが作られたことで、初めて使うユーザにとっても分かりやすくなりました。

　さらに、**図2-8の右側**のように、Node-RED v1.0からは、組み合わせて用いるノードを上下に隣り合って配置されるようになりました。

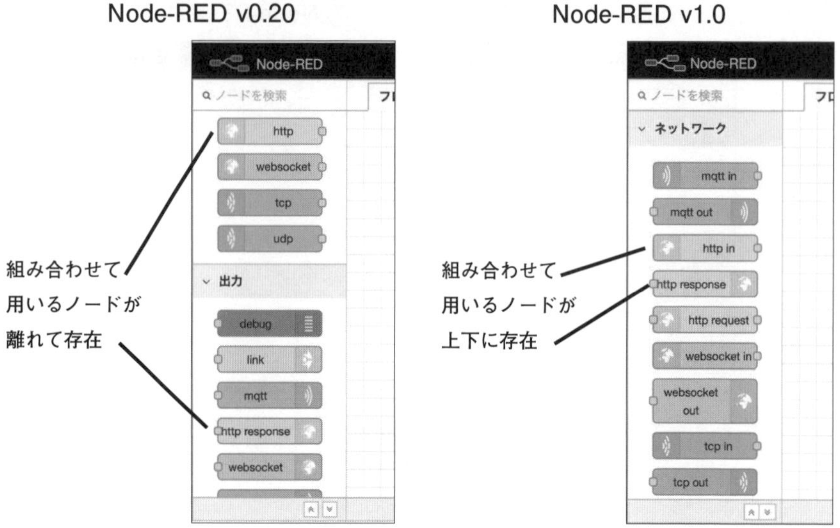

図2-4　ノード配置の変更

「Node-RED v0.20」までは、**図2-8の左側**のように、たとえば「http-in」ノードと「http response」ノードなどの組み合わせて使うことが多いノードが離れており、ノードを見つけるのに時間がかかるという問題がありました。

「Node-RED v1.0」からは、「http-in」ノードと「http response」ノードの組みが上下に隣り合っていることで、組み合わせて用いるノードが分かりやすくなっています。

その他の組み合わせの例としては、「inject」ノードと「debug」ノードや、「link-in」ノードと「link-out」ノードなどがあります。

■「complete」ノード

「パレット」に「complete」ノードというノードが追加されました。

＊

これは、「フローの終端のノード」(「左側だけ」に端子があり、右側に出力の端子がないノード)の処理が終了したことをキャッチできるノードです。

たとえば、「e-mail」ノードでメールを送信した後に、次の処理を実行したい場合、「complete」ノードの後ろに「後続のフロー」を追加します。

図2-5　メール送信完了メッセージを「デバッグ・タブ」に表示

図2-9のように「complete」ノードの後ろに「debug」ノードをつなぐと、「e-mail」ノードによるメール送信が完了したことを「デバッグ・タブ」で確認できるようになります。

その他、図2-10のように「mqtt」ノードでデータが「MQTTブローカ」に送付されたことや、「webSocket」ノードでデータが送信されたことを「ログファイル」に記録していくフローも記述できるようになりました。

MQTTブローカへデータ送信　　　　**WebSocketでデータ送信**

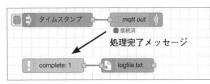

図2-6　MQTTやWebSocketのデータ送信をロギングするフロー

■「サブフロー」のカスタムUI

サブフローのプロパティ設定UI画面を作ったり、「アイコン」や「色」、「パレットのカテゴリ」を変更したりできる機能が追加されました。（図2-10）

この機能を用いることで、図2-11のような、独自の見た目やプロパティをもつ「サブフロー」を作ることができます。

図 2-7 「サブフロー」のプロパティ設定開発画面

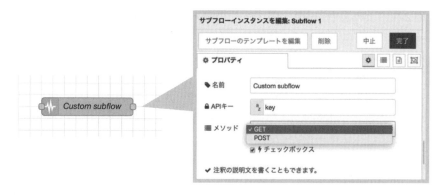

図2-8 独自の「アイコン・サブフロー」のプロパティ設定

　将来的には、「Node-RED プロジェクト」公式のノード開発ツールである、「Node generator」(https://github.com/node-red/node-red-nodegen/wiki/ Japanese)を用いて、サブフローをnpm レジストリに登録できる形にパッケージングできるようになります。

　これからは「フローエディタ」だけでオリジナルノードを開発できるようになります。

■ビジュアルJSONエディタ

「JSONデータ」を、マウス操作と最低限のキー入力で編集できる「ビジュアルJSONエディタ」が導入されました。

これまで、コーディング経験がないユーザが「JSONデータ」を作ると、「ダブルコーテーション」や「コロン」の有無で不正なフォーマットとなって、問題に陥るケースがありました。

ビジュアルJSONエディタ　　　　　　生成したJSONデータ

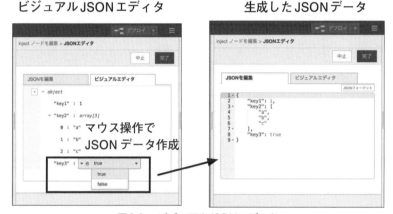

図2-9　ビジュアルJSONエディタ

この「JSONビジュアルエディタ」によって、「正しいJSONデータ」を誰でも簡単に作れるようになりました。

また、タブレットのタッチ操作で「JSONデータ」を作ることもできます。

■アクションリスト

「アクションリスト」(動作一覧)は、Visual Studio Codeの様にアクションを実行するダイアログを表示する機能です。

フローエディタ上で「Ctrl + Shift + p」を押すと、図2-14の様なアクションをキーワードで検索できるダイアログが現れます。

図2-10　アクションリスト(動作一覧)

キーワードを入力し、ダイアログに実行したいアクションが出た後は、「Enter
キー」を押すだけでアクションを実行できます。

本ダイアログを用いることで、「ショートカットキー」が割り当てられていな
いアクションも、キーボード操作で素早く実行できるようになりました。

■ショートカットキー

「Node-RED v1.0」から表2-1の「ショートカットキー」が新規に追加されまし
た。

表2-1 ショートカットキー

#	キー	操作
1	Ctrl + d	デプロイ
2	Ctrl + y	やり直し(Ctrl + zの「元に戻す」操作を取り消す)
3	Ctrl + タブをクリック	タブ選択(選択後にDeleteキーを押し、一括タブ削除)
4	Ctrl+ワイヤーをクリック	ワイヤーにノードを挿入するための「プルダウンメニュー」表示
5	Ctrl + Shift + p	動作一覧のダイアログを表示

特に、「やり直し」は便利に使えるキーボードショートカットです。

「Node-RED v0.20.8」以前までは「Ctrl + z」キーで編集操作を取り消しする
ショートカットキーがありましたが、戻りすぎると元に戻せない問題がありま
した。

「Node-RED v1.0」からは、**図2-15**のように戻りすぎたときに「Ctrl + y」キー
を押すことで解決できます。

図2-11　やり直し機能の例

従来は、「Ctrlキー + ワークスペースをクリック」を行なうと、任意の場所
でノードを挿入するための「プルダウンメニュー」を表示できました。

これによって、パレットにマウスカーソルを動かすことなくノードを素早く
追加できました。
「v1.0」では、さらに**図2-16**のような、ワイヤーにノードを挿入できる「プル
ダウンメニュー」の表示機能が新たに入りました。

図2-12 「ノード挿入」のための「プルダウンメニュー」

その他、表2-2に記載しているような、「v1.0」より前のバージョンから存在する便利な「ショートカットキー」も、従来通り使うことができます。

表2-2 従来から存在する便利な「ショートカットキー」

#	キー	操作
1	Ctrl + z	ノード編集操作を元に戻す
2	Shift+ノードをクリック	クリックしたノードと接続されたすべてのノードを選択
3	Ctrl + a	ワークスペース上のすべてのノードを選択
4	Ctrl + x	ノードをクリップボードへ切り取り
5	Ctrl + c	ノードをクリップボードへコピー
6	Ctrl + v	クリップボード上のノードをワークスペースへ貼り付け
7	Ctrl+ワークスペースをクリック	ノードを追加するためのプルダウンメニュー表示
8	Ctrl + f	ノードを検索するためのダイアログを表示
9	Ctrl + i	読み込みダイアログを表示
10	Ctrl + e	書き込みダイアログを表示

■読み込み/書き込みダイアログ

フローエディタ右上のメニューの「読み込み」と「書き込み」をクリックすると、
ダイアログが表示されるようになりました。

図2-13　読み込みメニュー(v0.20)

図2-14　読み込みダイアログ(v1.0)

従来、特に「読み込み」から「サンプル・フロー」を選択する際に、階層の深い
項目を選択するには、項目から外れないように慎重にマウスカーソルを動かさ
ねばならず、「外れた場合」には「やり直し操作」が生じていました。

しかし、本ダイアログによって、階層が深い「サンプル・フロー」も確実に選
択できるようになりました。

■「コンテキスト・サイドバー」の自動更新

　「コンテキスト・データタブ」に、値を自動更新する「チェックボックス」が追加されました。

　今までは右側の更新ボタンを押さないと値が更新されませんでしたが、本チェックボックスにチェックを入れることで、自動的にコンテキストの値が更新されるようになります。

図2-15　「コンテキスト・サイドバー」の自動更新チェック

■言語選択機能

　「ユーザ設定」から「フローエディタ」の「**表示言語**」を選択できるようになりました。

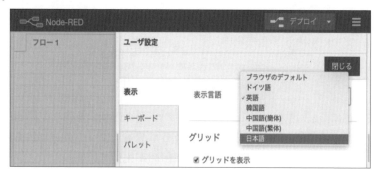

図2-16　「表示言語」選択メニュー

従来は、ブラウザのデフォルトの言語で「日本語」「英語」「韓国語」「中国語」を切り替えるようになっていました。

本メニューによって、「Node-REDフローエディタ」だけで他の言語に切り替えることが容易となりました。

2-3　v1.0「開発ロードマップ」上の機能紹介

「v1.0」リリースに向けた機能拡張の計画は2017年から進められており、その中で「プロジェクト機能」や、「データ永続化機能」(Persistent Context)等の機能も開発されてきました。

この節では、これらの機能について説明していきます。

■プロジェクト機能

「プロジェクト機能」は、図2-21のように、「フローエディタ」上からフローを「GitHub」に保存する機能です。

この機能を用いることで、複数の開発者でフローを共有して開発を進めたり、「Travis CI」などと連携して、自動的にフローをコンテナ環境にデプロイしたりできます。

図2-17　プロジェクト機能

プロジェクト機能を有効にすると、フローエディタの右側のサイドバーに**図2-18**の「履歴」タブが登場し、このタブから「**フローのコミット**」や「**プッシュの操作**」ができます。

図2-18 コミット履歴

プロジェクト機能を利用するには、**図2-23**のように「settings.js ファイル」内のプロジェクト機能の有効無効の設定を「true」に変更します。

また、「gitコマンド」が必要なため、インストールしていない場合はインストールします。

Windowsの場合は、「Git for Windows」(https://gitforwindows.org/)をインストールしてください。

```
JS  settings.js  ×
Users > yokoi > .node-red > JS settings.js > [∅] <unknown> > 🔧 editorThem
267
268        // Customising the editor
269        editorTheme: {
270            projects: {
271                // To enable the Projects feature, set this
272                enabled: true
273            }
274        }
275    }
```

図2-19 プロジェクト機能を有効化する設定

Node-REDを再起動すると、「ウィザード」が登場するので、本ウィザードに従って「Gitのアカウント名」や「リポジトリ」などを設定します。

■データ永続化機能 (Persistent Context)

「データ永続化機能」は、「コンテキストデータ」を外部ストレージに保存できる機能です。

「コンテキストデータ」はデフォルトではメモリ上に保存されるため、Node-REDのプロセスが停止すると、データが消えてしまうという問題がありました。

データ永続化機能を用いて、外部ストレージにデータを格納することで、プロセスを再起動した際もデータを保持できるようになりました。

現在は、外部ストレージはファイルしか対応していませんが、将来的に「Redis」などに対応することで、複数のNode-REDプロセス間でデータを共有する用途でも利用できるようになります。

図2-20 データ永続化機能

「データ永続化機能」にて、2つ以上の格納先を登録すると、図2-20のように「フローコンテキスト」を指定するパス入力欄の右側に、「格納先」を選択するプルダウンメニューが表示されます。

この設定例では、従来通りメモリにデータを格納する場合と、ファイルにデータを格納する場合を選択できる様になっています。

「データ永続化機能」を有効にするには、図2-21のように「settings.jsファイル」へ利用する「外部ストレージ」を指定します。

```
JS settings.js ×
Users > yokoi > .node-red > JS settings.js > [@] <unknown>
231        // Context Storage
232        // The following property can be used to enable
233        // provided here will enable file-based context
234        // Refer to the documentation for further option
235        //
236        contextStorage: {
237            memory: {
238                module: "memory"
239            },
240            file: {
241                module: "localfilesystem"
242            }
243        },
244
245        // The following property can be used to order t
246        // palette. If a node's category is not in the l
247        // added to the end of the palette.
```

図2-21　　データ永続化機能を有効化する設定

第 **3** 章

IoT・デバイスとの活用法

この章では、IoT機器やデバイスとNode-REDを連携した活用法を紹介します。

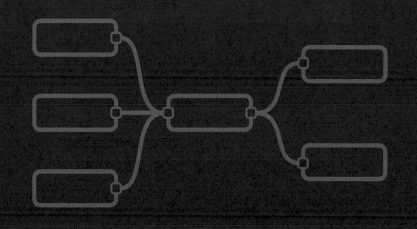

3-1 Androidアプリ「RedMobile」を使ったお手軽IoTシステム

冷蔵庫に固定したAndroid端末が扉の開閉を検知すると手元のPCにそのことを通知する「IoTシステム」を作ります。

Androidアプリ「RedMobile」と、マルチプラットフォームのデータ共有サービス「Pushbullet」を使います。

■ システム概要

冷蔵庫の開閉を検知するには、扉の開閉を検知するための「センサ」が必要となります。

この部分には、今回Android端末に入っている「ジャイロセンサ」を活用します。

また、開閉を通知する部分は「Pushbullet」という「PUSH通知サービス」を利用し、センサのデータ変化と「Pushbullet」へのデータ送信部分を、「RedMobile」で行ないます。

図3-1 冷蔵庫に設置したAndroid端末

● RedMobile

「RedMobile」は、AndroidでNode-REDが動くアプリです。

環境構築が不要であり、ワンクリックでNode-REDサーバーが起動する点が特徴です。

また、「有料版」にはAnroidに特化した「専用ノード」(「センサ」「音声合成」「音声認識」など)が用意されています。

● Pushbullet

「Pushbullet」は「モバイルアプリ」や「Chrome拡張」などに対応しており、Push通知でデータを受信することができます。

また、Node-REDには専用のノード(node-red-contrib-pushbullet)があり、これを使うとデータの送受信を手軽に行なうことが可能です。

手 順

[1] RedMobileのインストール

「RedMobile」をAndroid端末にインストールします。

「RedMobile」はGooglePlayストアで「Node-RED」と検索すると見つかります。

有料版(RedMobile)と無料版(RedMobile Lite)がありますが、今回はAndroidに特化した専用ノードを活用するため、有料版を使います。

図3-2 「Google Play」上での表示

[2] RedMobile の起動

アプリをインストールし、起動すると次のトップ画面(**図3-3右**)が表示されます。

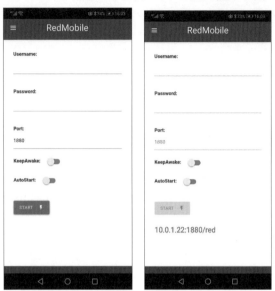

図3-3　アプリのトップ画面

「Startボタン」をタップすると、**図3-3左**のように「Start」ボタンの下に「Node-REDのアクセスURL」が表示されます。

表示されたURLにPCなどのブラウザからアクセスすると、Node-REDの画面が表示されます。

Column **「Basic認証」や「ポートの切り替え」**

RedMobileで起動したNode-REDに対して、「Basic認証」を適用したい場合は、「Username」と「Password」を設定してください。

また、起動時のポートを変更したい場合は起動前に「Port設定」を行なうことで反映させることができます。

[3-1] Androidアプリ「RedMobile」を使ったお手軽IoTシステム

Column KeepAwake機能

> 「RedMobile」はAndroid端末がスリープしてしまうと定期実行の処理に不安定になります。
>
> このため、給電状態にする、あるいは「KeepAwake」機能を有効にするとスリープにならず、安定動作が可能となります。

[3] プログラムの作成

実際にNode-REDを使ってIoT機能を実装していきます。

今回は、事前に用意したサンプルフローをインポートし、その内容を順に説明していきます。

[4] フローのインポート

「サンプルフロー」は、下記のURLからインポートしましょう。

```
https://github.com/okhiroyuki/io201908/blob/master/flow-v2.json
```

インポートがはじめての場合は、以下を参考にします。

```
https://nodered.jp/docs/user-guide/editor/workspace/import-export
```

インポートできると、以下のようなフローが表示されます。

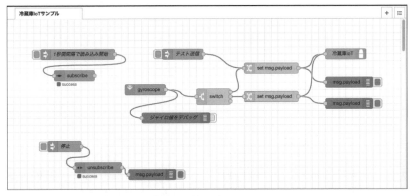

図3-4　サンプルフロー

[5]開閉検出のための「センサデータ」の取得

　Android端末で冷蔵庫の扉の開閉を検知する方法として、今回は「ジャイロセンサ」の変化に着目します。

　「RedMobile」には端末の「ジャイロセンサ・データ」を取得できる「gyroscope」ノードが予め用意されています。

　「gyroscope」ノードに設定項目はありませんが、データを取得開始するためには「(sensor) subscribe」ノードで登録を行なう必要があります。

　具体的には、次のような手順でデータ取得ができます。

---

　①「(sensor) subscribe」ノードの設定画面を開く(**図3-5参照**)
　②「Sensor」オプションを「GyroScope」にし、読み取り間隔となる「Freq」オプションを1000 (ms)に設定する
　③サンプルコードにある「1秒間隔で読み込み開始」ノードの「実行」ボタンをクリックする
　④「gyroscope」ノードから1秒おきにデータが出力される

図3-5　Sensor Subscribeノードの設定画面

　デバッグタブを開き、「gyroscope」ノードの出力を確認すると、次のような「3軸」(xyz)の回転変化を数値で取得できていることが分かります。

今回のシステムでは、この内、「x方向の変化」に着目します。

図3-6　センサデータ(デバッグタブ)

「デバッグタブ」にデータが表示されない場合

もし、「デバッグタブ」にデータが表示されない場合は、「デバッグ」ノードの出力が「有効」になっていない可能性があります。

その場合は、図3-7にあるボタンをクリックして有効にしてください。

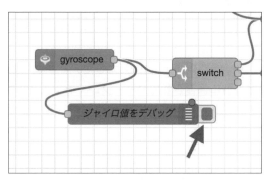

図3-7　デバッグの有効化

[6] 「Pushbullet」ノードの設定

「Push通知」をするために使う、「Pushbullet」ノードの設定を行ないます。

主な設定項目は、次の通りです。

・API-Key（Config）：Pushbullet サービスのアクセストークン
・Device ID：通知デバイス
・Type：通知の種類
・Title：通知タイトル

今回は、通知タイトルを「冷蔵庫IoT」とし、登録されているすべてのデバイス（All）にテキスト送信（Note）します。**（図3-9参照）**

API-Key は「pushbullet」ノードの設定画面の編集ボタンから「pushbullet-config」ノードを開くことで編集できます。

「アクセストークン」は、後述する「Pushbullet」のサービスで取得してください。

Column クレデンシャルプロパティ

「pushbullet-config」ノードで設定した「API-Key」は、「クレデンシャルプロパティ」で定義されています。

「クレデンシャルプロパティ」に入力したデータは、メインの「フローファイル」とは別に保存されており、フローをエディタからエクスポートした情報に含まれません。詳しくは下記のURLを参考にしてください。

```
https://nodered.jp/docs/creating-nodes/credentials
```

図3-9 「pushbullet」ノードの設定画面

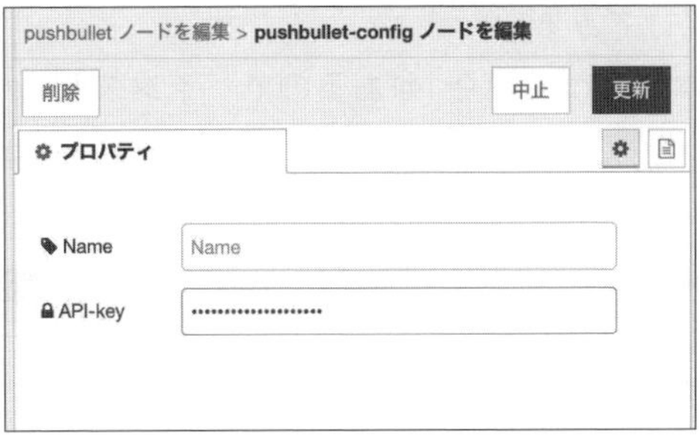

図3-10 pushbullet-configノードの設定画面

Column 「Pushbullet」のアクセストークン

　「Pushbullet」のアクセストークンは、次の手順で取得することができます。

　下記のURLにアクセスし、サービスにログイン後、メニューから「Setting」→「Accout」を選択します。
　表示された画面の「Create Access Token」をクリックすると、アクセストークンが生成され、その文字列が表示されます。

```
https://www.pushbullet.com/
```

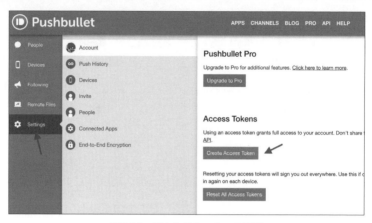

図3-10 アクセストークンの取得

[7] PC で通知を受けてみる

「Pushbullet」には「Chrome拡張」があるので、インストールします。

図3-11 PushbulletのChrome拡張

「テスト送信」のラベルがついた「Inject」ノードを実行すると、「Chrome」経由でPCに「通知」が届くはずです。

無事、通知を受信したら、準備完了となります。

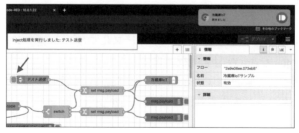

図3-12 テスト送信

[3-1] Androidアプリ「RedMobile」を使ったお手軽IoTシステム

■ 冷蔵語へ端末を設置

　「RedMobile」が起動している Android端末を冷蔵庫の扉に設置し、扉を開閉してみましょう。

● 検出閾値の調整

　開閉検出は、「switch」ノードでコントロールしています。
　サンプルコードでは次のように設定しています。

・ジャイロのx方向が1以上：開いたと判定
・ジャイロのx方向が-1以下：閉じたと判定

　上記の設定値は、お使いの冷蔵庫や固定方法などで異なる可能性があります。

　検出がうまくできない場合は、**図3-7**にある「ジャイロ値のデバッグ」を有効にして、デバッグタブに流れてくる数値を確認しながら、「switch」ノードの閾値を調整してみてください。

図3-13　「switch」ノードでの閾値調整

開閉検出を停止する場合は、サンプルコードにある「停止」ノードをクリックしてください。これにより、「sensor unsubsclibe」ノードで「gypescope」のデータ出力が解除されます。

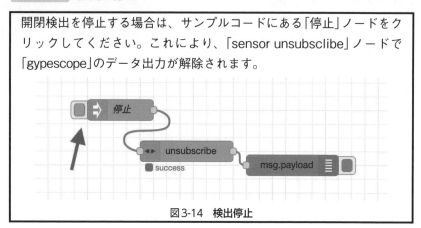

図3-14　検出停止

「RedMobile」を使うと、Android端末のセンサを利用できるため、別途センサデバイスを用意する手間が省けます。

また、IoTデバイスによくあるネットワーク接続の問題やバッテリの心配などはAndroid側で解決してくれるため、アイデアの実装部分に集中することができます。

今回は、「ジャイロセンサ」と「Pushbullet」を活用してみました。

他にも、さまざまなセンサや外部サービスと連携できるノードが用意されています。
アイデア次第でいろいろな活用ができると思いますので、試してみましょう。

3-2 Node-REDと「LINE Clova」の連携

Node-REDでLINEのスマートスピーカー「LINE Clova」のスキルを開発でき
ます。

「LINE Clova」のスキル開発とは、「LINE Clova」への独自の質問に対する独
自の回答、あるいは独自のアクションを起こさせることができる開発です。

■全体構成

今回は、まず「enebular」上の「Node-RED」エディタで「LINE Clova」スキル
を開発します。
そして、開発したNode-REDフローを「Heroku」へデプロイして、さらに
「Clova Extensions Kit」から「Heroku」にデプロイしたフローを呼び出して実
行する、という形になります。

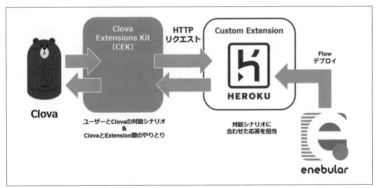

図3-15　今回作る「LINE Clova」スキルのシステム概要

手順

[1] LINE Developers

まず、「Clova Extensions Kit」の設定を行なうために「**LINE Developers**」にロ
グインする必要があります。

> ※「LINE」アカウントを持っていない方はアカウントを作ってください。

[2] enebular

　次に、ブラウザだけで「LINE Clova」のスキル開発を行なって、開発したスキルを「Heroku」にデプロイします。

　そのためには「**enebular**」の無料アカウントが必要なので、以下のURLから「enebular」にアクセスして、アカウントを作ってください。

https://enebular.com

[3] Heroku

　続いて、「Clova Extensions Kit」から呼び出されるスキルの実体を永続的に稼働させます。

　「**Heroku**」の無料アカウントが必要なので、以下のURLから「Heroku」にアクセスしてアカウントを作成してください。

https://heroku.com

■フローの「import」

　「enebular」では他のユーザが作った「Node-RED」のフローを再利用することができます。

手　順

　今回、「LINE Clova」の「Custom Extension」フローは以下のURLから「import」できます。

　「import」するには「**enebular**」のプロジェクトが最低でも「1つ」必要です。

https://bit.ly/2P47YqN

[1] enebularの「プロジェクト」へフローをインポート

　先ほどの「LINE Clova」の「Custom Extension」フロー公開ページにアクセスして「import」ボタンをクリックします。

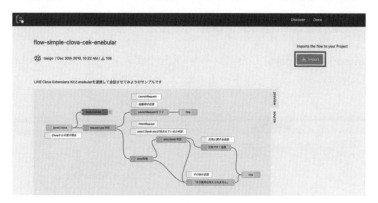

図3-16 「Custom Extension」フローの公開ページ

【2】取り込むプロジェクトをインポート

次のダイアログで取り込むプロジェクトを選択し、「Privilege」はデフォルトのままで、「import」ボタンをクリックします。

以下のように、プロジェクトやアセット一覧にフローが取り込まれていれば、成功です。

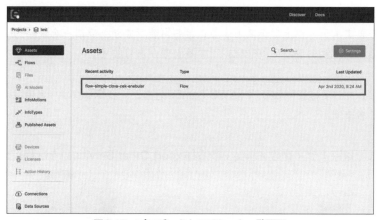

図3-17 プロジェクトのアセット一覧画面

■フローを「Heroku」にデプロイ

「enebular」で「import」したフローを「Edit」ボタンで開くと、「enebular」上の「Node-RED」エディタで以下のようなフローが開きます。

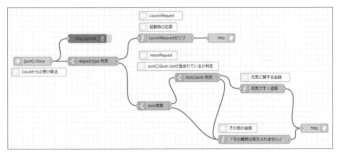

図3-18 「Custom Extension」フロー

フローの詳細は割愛しますが、「LINE Clova」から来る2種類のリクエストタイプによって条件分岐して、別々の回答をする処理になります。

手　順

[1] enebular の「Export Other Services」を使う

このままエディタ上でテストすることも可能ですが、フローを永続的に動かすためには、別の場所に「デプロイ」する必要があります。

「enebular」では「Heroku」や「AWS Lambda」など、多様なクラウド環境にデプロイできます。

それでは、エディタのメニューから「Export Other Services」を選択します。

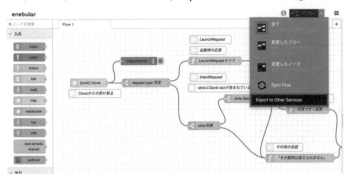

図3-19 「enebular」上の「Node-RED」エディタ

[2]デプロイ先の追加

まだ、デプロイ先が1つも設定されていない場合、「**Add Connection**」をクリックして、デプロイ先の追加を始めます。

図3-20　デプロイ先の追加

次に、開くダイアログで「Heroku」を選択し、「Connection Name」に任意の名前をつけ、「**Heroku API Token**」に「Heroku」のAPIトークンを入力して「Save」をクリックします。

> ※「Heroku」のAPIトークンは「Account Settings」の「API Key」で確認・作成できます。

[3]登録した「Heroku」接続情報を選択

続いて、「Connection」リストから登録した「Heroku」の接続情報をクリックします。

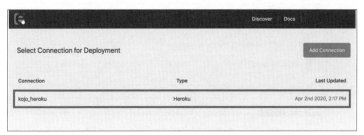

図3-21　登録した「Heroku」接続情報を選択

表示される画面にある紫色の「Heroku Deploy」ボタンをクリックすると、別ウィンドウで「Heroku」アプリの作成画面が開きます。

「Heroku」にデプロイ対象のアプリを作ります。

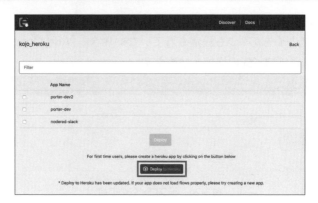

図3-22 「Heroku Deploy」ボタンをクリック

[4]「Heroku アプリ」の作成

　別ウィンドウで開いた「Heroku」のアプリ作成画面は、「Heroku」側の画面になります。

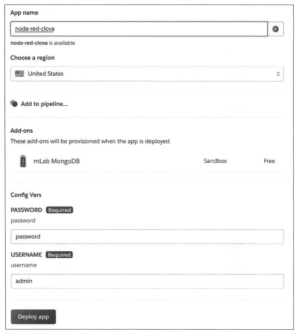

図3-23 「Heroku」アプリ作成画面

「App name」に任意のアプリ名を、「Config Vars」の「password」と「username」に任意のユーザー名とパスワードを入力して、「Deploy app」ボタンをクリックします。

> ※ここで入力するユーザー名とパスワードは、作った「Heroku」アプリの「Node-RED」エディタへログインするための認証情報です。

[5]デプロイ先「Heroku」アプリの選択

「Heroku」アプリの作成が完了したら、再度「enebular」側の「Node-RED」エディタに戻ります。

「Export Other Services」から先ほど作った「Heroku」接続情報を選択して、紫色の「Heroku Deploy」ボタンのある画面を再び開きます。

すると、デプロイ先のアプリリストに、作った「Heroku」アプリが表示されるので、デプロイ対象として選択し、「Deploy」ボタンをクリックします。

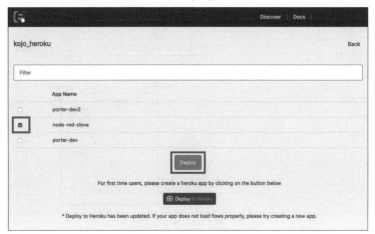

図3-24　デプロイ先アプリを選択

デプロイ完了後に、「Heroku」アプリ側の「Node-RED」エディタにフローが反映されていれば成功です。

■「Clova Extensions Kit」の設定

最後に、「LINE Developers」にて「Clova Extensions Kit」の設定をします。
詳細は以下のドキュメントを参照して進めてください。

https://bit.ly/2OBVLse

手　順

[1]「スキルチャネル」の作成

まずは、「スキルチャネル」を作ります。

「LINE Developers」にログインして「プロバイダ」セクションの自身のユーザ名をクリックすると「チャネル設定」の画面が出ます。

Clovaアイコンの「Clovaスキル」をクリックして、「スキル作成画面」を開きます。

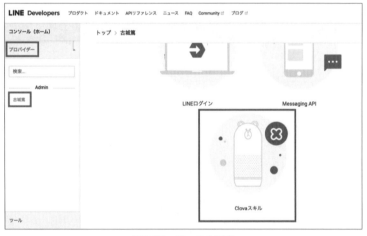

図3-25　チャネル設定

続いて、「チャネル名」など入力する画面になるので、任意のチャネル名を入力してください。

今回は「enebularテスト」と名付けました。

[2] スキルの基本設定

　次に、スキルの基本設定を行ないます。

　スキルの基本設定画面で「Extension ID」と「スキル名」「呼び出し名」を設定します。

　気をつけるのは「呼び出し名」です。

「LINE Clova」が音声認識しやすいものにしましょう。

　今回は、「サンプルのツール」と名付けました。

図3-26　スキルの基本設定

■対話モデルの設定

次に、対話モデルを作ります。
左メニューの以下のボタンから開きます。

以下の「+」ボタンから、「**カスタムスロットタイプ**」と「**カスタムインテント**」の作成を開始します。

図3-27 対話モデル設定を開く

手 順

[1] 「カスタムスロットタイプ」の設定
まずは、「**カスタムスロットタイプ**」から作ります。

スロット名は「GenkiSlot」で、以下のスロットファイルをアップロードします。

https://bit.ly/2OB2FxM

図3-28 カスタムスロットタイプの設定

[2]「カスタムインテント」の設定
　続いて、同じように「**カスタムインテント**」を作ります。

　インテント名は「GenkiIntent」で、以下のインテントファイルをアップロード
します。

```
https://bit.ly/2KYv6Up
```

図3-29　カスタムインテントの設定

[3]対話モデルのビルド
　次に、「**ビルド**」ボタンをクリックしてビルドします。

　時間がかかりますが、終了するまで待ちます。

図3-30　対話モデルのビルド

[4]スキルのサーバ設定
　最後に、「開発設定」セクションの「サーバー設定」で、「Extension サーバー」
に先ほど作った「Heroku」アプリの「エンドポイント」を登録します。

　こうすることで、「Clova」との対話に合致すると「Heroku」アプリにデプロイ
したフローが呼び出されるようになります。

> ※「Heroku」アプリのエンドポイントは以下の形式になります。
> **https://<先ほど作成した Heroku アプリの App name>.herokuapp.com/clova**

図3-31　スキルのサーバー設定

[5] 対話モデルのテスト

　では、「Heroku」のフローにリクエストが飛んでくるか「テスト」します。

　上部メニューの「テスト」をクリックします。

図3-32　対話モデルのテスト

　以下の入力欄に「元気？」と入力して、「はい、元気です！」と応答があればテスト成功です。

図3-33 テスト会話内容入力

　テストに成功すれば、開発者アカウントに紐づいた「LINE Clova」でも実際にスキルを実行できます。

■LINE Clovaで実行

　最後に、作ったスキルを「LINE Clova」の実機で実行してみます。

手　順

[1] スキルの有効化

　スマートフォンのClovaアプリと、Clova実機が接続している状態で、以下のように画面遷移して「サンプルのツール」の「利用開始」をタップしてください。

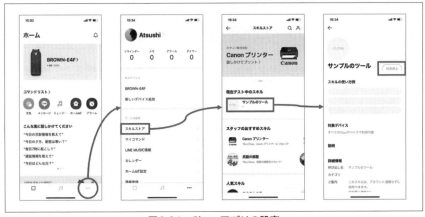

図3-34 Clovaアプリの設定

[2] LINE Clova実機に話しかける

では、以下の手順で動作確認します。

1.「クローバ、サンプルのツールを起動して」とClovaに話しかける。
2.Clovaが「はい、私はenebularから応答しているLINEボットです」と返答。
3.続いて「元気?」とClovaに話しかける。
4.Clovaが「はい、元気です!」と返答すれば正常。

無事、みなさんの「LINE Clova」でも動作したでしょうか。

ぜひ、これをベースにClovaスキルをアレンジして、いろいろ試してみてください。

3-3 「電子ペーパー」を使って「天気予報」を表示

生活のさまざまなところで使われている「電子ペーパー」。

ご存知の方もいるかもしれません。

最近では「Raspberry Pi」向けのモジュールも販売されていて身近な存在になり始めています。

ここでは「Node-RED」と「Raspberry Pi」を使って「電子ペーパーモジュール」を制御して、天気予報を表示するガジェットを作ってみます。

■電子ペーパーモジュール「PaPiRus」

電子部品を扱うお店や、オンラインショッピングサイトを見ると、多種多様な電子ペーパーモジュールがあります。

今回はPi Supply社の「PaPiRus」(パピラス)というモジュールを使っていきます。

モジュールの詳細はこちらのURLを御覧ください。

---

https://uk.pi-supply.com/products/papirus-epaper-eink-screen-hat-for-raspberry-pi

---

図3-35　Raspberry Piに電子ペーパーモジュール「PaPiRus」を接続

このモジュールですが、いわゆる Raspberry Pi 向けの「**HAT**」(Hardware Attached on Top)となっていて、Raspberry Piの「**GPIO**」端子にピッタリ接続できるようになっているのが特徴です。

また、電子ペーパー以外にも物理ボタン4つがモジュールについています。
こちらのボタンも、後述のNode-REDとの連携で使っていきます。

ハードウェア的な特徴もさることながら、PaPiRusのGitHubページでは、PaPiRusを扱うためのPython向けAPIやコマンドラインツールも提供されています。

https://github.com/PiSupply/PaPiRus

■まずは準備

　ひとまず、電子ペーパーをRaspberry Piに接続して、コマンドラインツールで画像を表示してみます。

　ちなみに、筆者の環境は以下の通りです。
・PaPiRus (2.7インチモデル)
・PaPiRus専用ケース
・Raspberry Pi 3 Model B+
・Raspbian OS (Buster, ver. February 2020)
・Node-RED (ver. 1.0.3, 上記OSにプリイン)

　また、詳細な準備方法は下記のURLをご参照ください。

https://learn.pi-supply.com/make/papirus-assembly-tips-and-gotchas/

手　順

[1] ハードウェアの準備
　電子ペーパーのフレキシブル基板をHATに接続し、ボタンがHATにハンダ付けされていない場合は、ハンダ付けを行います。

　出来上がったHATをRaspberry Piに接続し、ハードウェアの準備は完了です。

[2] ライブラリのインストール
　次に、Raspberry PiのOS上で必要なライブラリのインストールを行ないます。

```
$ curl -sSL https://pisupp.ly/papiruscode | sudo bash
```

　コマンドラインで上記のコマンドを実行すると、自動で必要なソフトウェアがインストールされます。

　途中でPython向けライブラリのインストールの際に、Pythonのバージョン

を尋ねられますが、2.x系か3.x系などお好きな方をお選びください。

> ※ここでは、Pythonライブラリは使いません

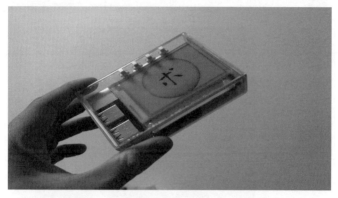

図3-36 電子ペーパーに筆者のTwitterアイコンを表示させてみた

インストールが終了すると、Raspberry Piから接続した電子ペーパーを制御できるようになります。

たとえば、コマンドラインツールも利用可能になっているため、

```
$ papirus-draw /path/to/image
```

このように「papirus-draw」というコマンドと、好きな画像を指定してコマンドを実行すると、上記写真のように指定した画像が電子ペーパーに表示されます。

カラーの画像も、グレースケール画像に変換され表示されますし、画像サイズやアスペクト比も、いい感じに電子ペーパーに合わせてくれます。

※今回の天気予報表示では使いませんが、テキストを表示することも可能です。下記のように「papirus-write」コマンドを使うと、簡単に表示ができます。

```
$ papirus-write "Hello, pokiiio!"
```

図3-37　電子ペーパーに文字を表示させてみた

ただし、このライブラリには日本語のフォントに対応していないため、日本語を入力すると失敗してしまいます。

そのため、日本語の文字を表示する場合は、後述の手法のように、日本語に対応したフォントを予め用意する必要があります。

それを用いてテキストを画像化して、その画像を電子ペーパーに表示する、という方法を取ります。

ここで、電子ペーパーの特徴の1つなのですが、Raspberry Piの電源を切っても表示はそのままになります。

明示的に表示をリセットしたい場合は、下記のコマンドを実行します。

```
$ papirus-clear
```

■天気予報データを取得する

さて、電子ペーパーに任意の画像が表示できるようになったとことで、今度は天気予報データの取得を行なってみます。

Web上にはさまざまな天気予報のサービスが存在しますが、今回はlivedoor気象情報「**Weather Hacks**」を使ってみます。

```
http://weather.livedoor.com/weather_hacks/
```

これは、日本各地の天気予報を「REST API」で提供していて、情報をJSONフォーマットで無料で取得することができます。

たとえば、横浜の天気であれば、下記のURLにアクセスすることで取得できます。

```
http://weather.livedoor.com/forecast/webservice/json/v1?city=140010
```

このURLにアクセスすると、下記のようなJSONデータが取得できます。

```
{
    (省略)
    "forecasts": [
        {
            "dateLabel": "今日",
            "telop": "曇り",
            "date": "2020-03-31",
            "temperature": {
                "min": null,
                "max": {
                    "celsius": "14",
                    "fahrenheit": "57.2"
                }
            },
            "image": {
                "width": 50,
                "url": "(天気のアイコンURL)",
                "title": "曇り",
```

```
                    "height": 31
            }
        },
    (省略)
    ],
    (省略)
    "title": "神奈川県 横浜 の天気",
    "description": {
        "text": "(天気予報の概況文)",
        "publicTime": "2020-03-31T10:36:00+0900"
    }
}
```

　このように、天気と気温の予報に加えて、天気アイコンのURLや概況文も取得することができます。

　また、これらの情報は会員登録や認証不要で取得できるため、幅広い用途で使えるAPIとなっています。

■天気予報を電子ペーパーに表示させる

　ここまでに紹介してきた「PaPiRus」と「Weather Hacks」を使って、天気予報を表示させてみましょう。

　今回は、以下のような流れで表示させてみます。

①PythonのスクリプトでWeather Hacksから天気予報情報を取得しパース
②その情報をもとに、Pythonの画像処理ライブラリ(Pillow)を使って画像を作成
③PaPiRusのコマンドラインツールで、その画像を電子ペーパーに表示

　「Pillow」は、Pythonのプログラム上で簡単に画像の作成や編集が行なえるライブラリです。
　先述の通り、「晴れ」や「曇り」といった単語を電子ペーパーに表示させたいので、今回は日本語フォントを用いてテキストを「Pillow」で画像化しています。

また、お天気のアイコンなども一緒に「Pillow」で画像化します。

Column

> Node-RED が動作している「Node.js」上で動的に画像の作成ができれば
> 「function」ノードで実装が可能ですが、今回はドキュメントも豊富で画
> 像作成に適している Python でスクリプトを作ります。
> 　そのため、Node-RED から「exec」ノードを用いてこのスクリプトを
> 実行します。

上記の画像化を行うスクリプトを Node-RED から実行します。

そして、成果物として生成された画像を、Node-RED から PaPiRus のコマ
ンドを実行して、電子ペーパーに表示していきます。

また、今回紹介する Python スクリプトは、下記の「Github リポジトリ」で公
開中なので、併せてご参照ください。

https://github.com/pokiiio/WeatherDisplayForEPapers/

手　順

[1] Python で天気予報情報を取得する

さて、一旦 Node-RED から離れて、Python でスクリプトを書いていきます。

まず、先ほどの JSON を取得する部分を実装していきます。

```
import requests
import json

URL = "(取得したいJSONのURL)"
jsonData = requests.get(URL).json()
```

このように「requests」と「json」モジュールを使うと、数行で JSON 形式のデー
タを取得することができます。

また、上記の「jsonData」にはJSON形式のデータがdictionary型と呼ばれる形式で格納されています。

特定のKeyに対するValueを取得するには、以下のようにアクセスします。

```
value = jsonData["(Key名)"]
```

[2] 取得した天気予報情報から、画像を生成する

次に、画像を動的に作っていきます。

まず、電子ペーパーにピッタリ合うようなサイズの画像を作ります。
今回は「264x176」の画像を作るため、下記のように空のImageを作ります。

```
from PIL import Image, ImageDraw, ImageFont

WIDTH = 264
HEIGHT = 176

image = Image.new("RGB", (WIDTH, HEIGHT), (255, 255, 255))
```

そして、日本語を表示させるため、先ほどのImageに対して、日本語に対応したフォントを指定します。

```
FONT_SIZE = 18
FONT_PATH = "フォントのパス"
FONT = ImageFont.truetype(FONT_PATH, FONT_SIZE, encoding="unic")

draw = ImageDraw.Draw(image)
draw.font = FONT
```

JSONデータをパースし、文字を描画したい座標(x,y)を指定して、下記のように文字列をImageに書いていきます。

```
draw.text((x, y),"描画したい文字")
```

また、天気のアイコンは、次のようにURLを指定して画像を取得し、リサイ

ズした上でImageに描画します。

```
icon = Image.open(StringIO(requests.get("画像URL").content))
icon = icon.resize((w, h), Image.LANCZOS)
image.paste(icon, (x, y))
```

　このようなやり方で取得した天気予報情報から画像を作成し、最後に画像を
ファイルとして保存します。

```
image.save("画像保存先パス")
```

　実際のスクリプトでは文字列とアイコンの位置を調整しながら、今日と明日
の天気予報をひとつの画像にまとめています。

```
https://github.com/pokiiio/WeatherDisplayForEPapers/blob/master/create_
weather_image.py
```

　実際にスクリプトを実行すると、次のような画像を生成できます。

図3-38　スクリプトで生成される画像

[3] 生成した画像を電子ペーパーに表示する

上記のPythonスクリプトでは「image.png」というファイル名で画像を出力するため、次のようなコマンドを実行すれば画像を表示できます。

```
$ papirus-draw ./image.png
```

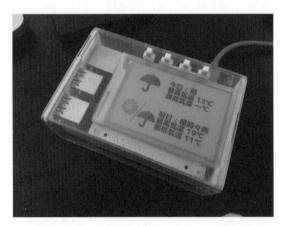

図3-39　生成された画像を電子ペーパーに表示させる

すると、上のように画像が電子ペーパーに表示されます。

先述の通り、画像は自動でモノクロ表示されています。

[4] ここまでの処理をNode-REDで定期実行する

ここまでの処理をスクリプトとして実装して、天気予報情報から動的に画像を生成し、それを表示できるようになりました。

最後に、これらをNode-REDから実行してみようと思います。

まず、「Raspberry Pi」起動時にNode-REDが実行されるように設定」します。

この設定は任意ですが、この設定を行なっておくと、「Raspberry Pi」の電源を入れるだけで「天気予報情報」を取得し、画像が表示されるようになるため便利です。

```
$ sudo systemctl enable nodered.service
```

　次に、Node-RED を起動した後に、下記のようなフローを Node-RED で設計
します。

・「Injection」ノードで定期的に処理を実行させる
・「exec」ノードで画像の生成と表示を実行する

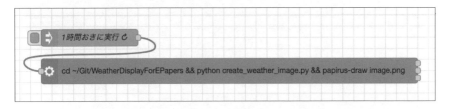

図3-40　Node-REDで画像生成と表示を定期実行させる

　今回は1時間おきに実行されるように設定し、「exec」ノードでは下記のコマ
ンドを実行するようにしました。

```
$ cd ~/Git/WeatherDisplayForEPapers && python create_weather_image.py
&& papirus-draw image.png
```

　かなりトリッキーな使い方ですが、今回のようにPythonのスクリプトも「exec」
ノードから実行できます。
　複数の処理は、「**&&**」でつなぐことで逐次処理が可能です。

■「PaPiRus HAT」に付いているボタンを活用する

「PaPiRus」特有の特徴でもある、ボタンを活用したいと思います。

図3-41　PaPiRusには4つボタンがついている

「PaPiRus HAT」には、ボタンが4つ付いており、それぞれRaspberry Piの「36」「37」「38」「40」ピンにつながっています。

ここで、これらのボタンが押されたときに、表示する天気予報の地域を変更したり、天気予報の概況を表示したりするようにします。

今回は、次のように実装しました。

①先程のリポジトリで、生成したい天気予報の種類(地域や概況)ごとにブランチを分けて実装しておく
②PaPiRus HATのボタンが押されたらブランチを切り替えてから画像生成を行なう

これをNode-REDで実現したのが、下記のフローです。

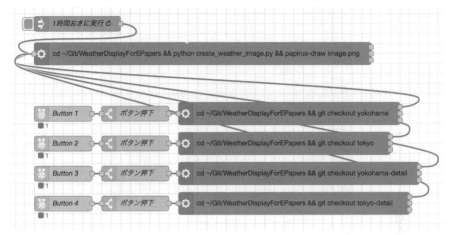

図3-42　PaPiRusのボタン押下をトリガーに表示を切り替える

「rpi-gpio in」ノードでボタンの押下を検知しています。

　通常は"1"を次のノードに渡していますが、押されると"0"を渡すため、隣に接続された「switch」ノードで、「"0"かどうか」を判断しています。

　ボタンが押されたと判断された場合は、リポジトリをクローンしてきたディレクトリに移動して、ブランチを切り替え、その後画像を生成して電子ペーパーに表示を行なう――という流れになっています。

　今回はボタンを押すと、「横浜の天気予報」「東京の天気予報」「横浜の天気予報概況」「東京の天気予報概況」を表示できるようにしています。

　詳しくは下記のブランチ一覧の「yokohama、tokyo、yokohama-detail、tokyo-detail」を御覧ください。

https://github.com/pokiiio/WeatherDisplayForEPapers/branches

　たとえば、「東京の天気予報」と「東京の天気予報概況」はこのように表示されます。

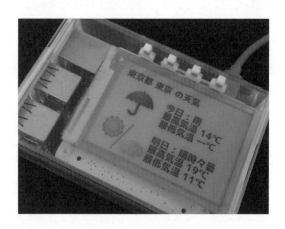

図3-43　東京の天気予報の例

図3-44　東京の天気予報概況の例

＊

　今回は、「Node.js」から離れた部分が多かったですが、電子ペーパーが簡単にコマンドラインから制御できるため、Node-REDの「exec」ノードからも制御が容易でした。

　また、「Raspberry Pi」上で動作するNode-REDであれば、ハードボタンとの連携も手軽に行なえるので、このようなガジェット作成にもNode-REDは非常に便利です。

3-4 「micro:bit」と「Node-RED」で、超簡単Bluetooth通信

この章では、ローカルにインストールされている Node-RED と、「micro:bit」を「WebBluetooth」でつないで、相互通信を実現してみましょう。

■今回作るものの全体像

今回は「WebBluetooth」を使うので、「micro:bit」に接続するノードフローはとってもシンプルになっています。

イメージは以下のようになります。

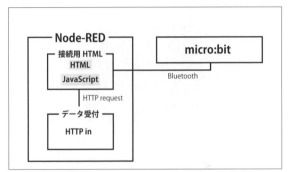

図3-45　全体の構成イメージ

「html」と「js」(上記図の「接続・送受信」)、それに「WebBluetooth」を使って「micro:bit」と接続やデータ送信を行ないます。

接続後、micro:bitからのアクションは接続用HTMLに流れてきてしまうので、そこからデータを外に出してNode-REDに流す必要があります。
そこでmicro:bitから受信したデータをNode-REDの別のの http in (上記図の「データ受信」)に流し込んでNode-REDフローに戻していくという作りになっています。

■「micro:bit」とは

「micro:bit」は、イギリスのBBCが提供している「シングルボード・コンピュータ」です。

「5×5LED」「ボタン×2」「加速度センサ」「コンパス」「BLE」などが搭載されています。

この「micro:bit」と、Node-REDがインストールされた「PC」が、「Bluetooth」で接続できるようになれば、離れていてもmicro:bitの操作が可能になって、遊べる幅が広がります。

図3-46　Micro:bit

また、micro:bitはすべての開発環境がWEB上で完結するように出来ていて、環境構築をすることなく気軽に使うことができるのも魅力の一つです。

プログラムのインストールは、USBケーブルでPCと接続して、プログラムファイルを「ドラッグ＆ドロップ」で書き込むだけで完了します。

■実装の下準備

大体の概要は掴んだところで、さっそく下準備に進んでいきましょう。
まずは、「micro:bitのプログラム」からです。

手 順

[1] micro:bit の設定

　まずは「micro:bit」の設定をしていきます。

　今回は、「micro:bit」の特徴でもある、「ビジュアルプログラム・エディタ」を使います。

　次の URL にアクセスすると、ホーム画面が開きます

```
https://makecode.microbit.org/`
```

図3-47　micro:bit プロジェクト画面

　ホーム画面にある「新しいプロジェクト」をクリックすると、エディタが開き、ロジックを書くことが可能になります。

　エディタの初期状態では、「**最初だけ**」パーツと「**ずっと**」パーツが配置されています。

図3-48　エディタの初期状態

micro:bitのロジックはここで作っていきます。

[2] Bluetoothの有効化

エディタを見てみると、パーツのパレットに「Bluetooth」の項目がないのが分かります。

「micro:bit」はデフォルトでは「Bluetooth」の利用が有効になっていないので、設定する必要があります。

右上の「歯車マーク」のメニューから「拡張機能」を選び、「bluetooth」を検索します。

そして、検索結果から「bluetooth "Bluetooth service"」を選択してください。

> ※選択すると「radio」パッケージを削除する旨のアラートが出ますが、後で元に戻せるので心配せずに削除して追加してください。

図3-49　アラートが出るが無視してOK

「機能の追加」が完了したら、今度は同じ「歯車マーク」にある「プロジェクトの設定」を選びます。

すると、スイッチボタン付きの項目が3つ表示されるので、いちばん上の「No Pairing Required: Anyone can connect via Bluetooth.」をクリックして有効にしてください。

終わったら、「保存」を押して準備完了です。

■micro:bitのプログラム

下準備が完了したので、実装に入っていきましょう。

手 順

[1]「最初だけ」の実装

パレットの「Bluetooth」の中から、「**Bluetooth LED サービス**」「**Bluetooth ボタンサービス**」を選択し、「**最初だけ**」パーツに追加します。

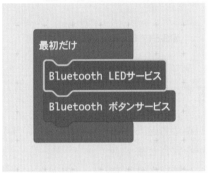

図3-50　最初だけの実装図

[2] Bluetoothの各種実装

次に、「Bluetooth」の中にある、「**Bluetooth 接続されたとき**」「**Bluetooth 接続が切断されたとき**」のパーツを適当な場所に配置します。

そして、それぞれのパーツに「基本」パレットにある「アイコンを表示」を追加します。

「アイコンを表示」パーツは、デフォルトでは「ハート表示」になっていますが、「接続」を「チェックマーク」、「切断」を「バツ」に変更します。

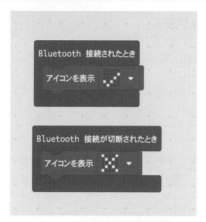

図3-51　Bluetoothの各種実装図

実装はこれで完了です。

何をしているか説明をすると、まず、「最初だけ」の部分でBluetoothでどのサービスを利用するかを宣言します。

そして、「Bluetoothが接続された時」と、「Bluetoothが接続が切断された時」の、それぞれのタイミングに接続状況がどうなったか分かりやすいようにLED表示をするようにしています。

＊

ここまで出来たら画面下の「ダウンロード」または「フロッピー・ボタン」を押すと、プログラムのファイルがダウンロードできます。

その後、USBでmicro:bitをPCにつなぎ、USBメモリにファイルを置く要領でダウンロードしたファイルを配置します。

これで、自動的にmicro:bitが再起動し、コードのインストールが完了します。

> ※ファイルを配置しても、ファイルそのものは見えません。
> また、インストールが完了してもUSBは抜かないようにしてください。

後はNode-REDを立ち上げて、接続の実装をしていきましょう。

■Node-REDのプログラム

まずは「Node-RED」を立ち上げて、PCの「**Bluetooth**」の設定を「**ON**」にします。
これを忘れるとそもそも接続されないので気をつけてください。

今回はWebBluetoothでmicro:bitとNode-REDをつなげていきます。

以下のように「**http in**」「**template**」「**http response**」の組み合わせを2つ、「**http in**」「**http response**」「**debug**」の組み合わせを1つ用意してください

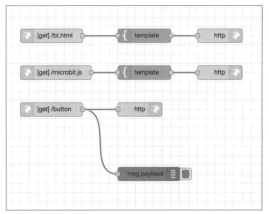

図3-52　フローの配置図

上の2つが「接続」「送受信」を担う「html」と「JavaScript」で、いちばん下のものが、データ受信の「http in」です。

「http in」のそれぞれの設定は、上から順に以下のようにしてください

表3-1　http inの設定

メソッド	URL
GET	/bt.html
GET	/microbit.js
GET	/button

これは、Node-RED を WebServer として活用する配置です。

こうすることで「http in」でリクエストを受けて、「template」に書かれている「html」や「js」を返すことで Web ページを表示することができます。

手 順

[1] 使用ファイルの準備

まずは以下にアクセスします。

そこにあるコードを、1番目の「template」ノード（http in に "/bt.html" を設定した方）に「コピー＆ペースト」してください。

```
https://git.io/Jvdnu
```

これは、利用するライブラリの Example を少し編集したものになります。

```
https://github.com/thegecko/microbit-web-bluetooth/tree/master/examples
```

[2] 「Javascript」の準備

次に、「JavaScript」を準備します。

「micro:bit」に「web bluetooth」で繋ぐには、以下のライブラリを利用します。

microbit-web-bluetooth

```
https://www.npmjs.com/package/microbit-web-bluetooth
```

注意する点として、このライブラリを node-red に組み込むわけではなく、「npm」でライブラリをダウンロードして、そこに入っている「JavaScript」を使います。

そのため、適当な場所にディレクトリを作って、以下のコマンドを実行してください

```
$ npm init
$ npm i microbit-web-bluetooth
```

「npm init」を実行して出てくる質問事項は、すべて空白で進めてしまって OK

です。

　インストールが完了したらインストールしたディレクトリから以下の場所にある「microbit.umd.js」を利用します。

```
[npm install した場所]/node_modules/microbit-web-bluetooth/dist/
microbit.umd.js
```

　上記ファイルを開いて、その中身のコードを上から2番目の「template」ノード（http in に "/microbit.js" を設定した方）に、「コピー＆ペースト」してください。

　これで準備は完了です。

■動作確認

　「デプロイ」して、動作確認をしてみましょう。

手 順

[1] micro:bit のペアリング
　micro:bit を電源に繋ぎ、「localhts:1880/bt.html」にアクセスして「Find」のボタンを押してください。
（もし、ローカルのポート番号を変更している場合は各自変更します）

　すると、「localhost:1880 がペア設定を要求しています」というアラートが出ます。
　対象の micro:bit を選び「ペア設定」を押すと、ペアリングが完了し、設定したチェックマークが表示されます。
　「Hello Web BLE」と LED に表示されれば、成功です。

[2] テキストの送信
　「find」ボタンの横にあるテキストボックスに、任意の半角英数を入れることで、テキストを送ることができます。

また、ボタンを押すと、Node-REDのデバッグコンソールに

押すと \`{"button":"A","action":"1"}\`
離すと \`{"button":"A","action":"0"}\`
長押しすると \`{"button":"A","action":"2"}\`

が表示されます。

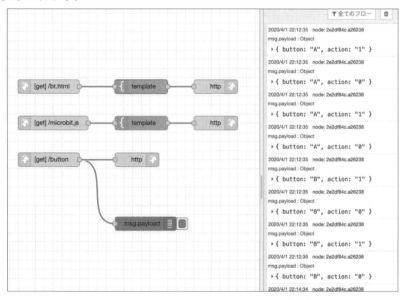

図3-48　デバッグコンソールにmicro:bitからのデータが流れてくる

お疲れ様でした！
これでデータの送受信ができました。

*

　今回はわかりやすくするために接続とテキスト送信、ボタンデータの受信だけを実装しました。

　しかし、今回使ったライブラリのExampleには、他のセンサデータを受け付けるコードも含まれており、ドキュメントも充実しています。

実装サンプル

https://github.com/thegecko/microbit-web-bluetooth/tree/master/examples

ドキュメント

https://thegecko.github.io/microbit-web-bluetooth/docs/index.html

応用して、もっとたくさんのデータを受信したいぞ！という方は是非チャレンジしてみてください。

3-5 NoodlとNode-REDでオシャレなIoT電子工作をしてみよう

「UI/UXプロトタイピングツール」の"Noodl"を使用することで、オリジナリティとデザイン性のあるユーザーインターフェースを作っていきます。

本テーマで使用するNode-REDのフローと、「Noodl」のサンプルプロジェクトは、次のURLより入手可能です。

https://github.com/kmaepu/Nodered_Noodl_Weather_sample

■Node-REDでの「ユーザーインターフェース」の開発

Node-REDで「Webアプリケーション」や「IoTシステム」「自作ロボットのコントローラ」を作ろうとしたとき、「ダッシュボード」ノードを利用することで、ユーザーインターフェースを開発できます。

画面に「ボタン」や「スライダー」「折れ線グラフ」などの配置と利用は容易ですが、画面を構成するパーツの羅列になりがちです。

■Noodlとは？

「Noodl」(ヌードル)とは、「UI/UX」のプロトタイピングツールです。

Node-REDと同様に、フローベースのエディタを使用し、UI(ユーザインターフェース)のプロトタイピングを目的としたツールです。

　Node-REDと異なるのは、UIを「インタラクティブなUIのプロトタイピング」に特化しているところで、Node-REDのダッシュボードよりも自由度が高いです。

詳しくは、こちらの公式サイトをご覧ください。

> https://tensorx.co.jp/noodl-jp/
> http:// noodl-community.slack.com

図3-54　システム構成

　利用ケースとしては、

- ・家電制御リモコン
- ・ロボットのコントローラ
- ・スマートサイネージ
- ・スマートフォン向けアプリのUI設計

などが挙げられます。

■作るもの

Node-REDとNoodlを駆使して、「オシャレなお天気アプリ」をプロトタイピングします。

●開発環境

今回のNode-RED実行環境は、ローカルのPCで解説しています。
その他バージョンや、APIの情報は次の通りです。

・Node-RED ver1.04
・Noodl ver2.0
・気象データAPI Open Weather API
・MQTTブローカ　Shiftr.io

●システム構成と概要

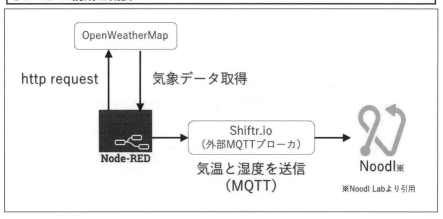

図3-55　システム構成

■Node-REDで気象情報取得の準備

Node-REDから「OpenWeatherAPI」を利用して気象データを取得します。

手　順

[1]「OpenWeatherMap」ノードの読み込み

　通常、「OpenWeatherAPI」を利用するにはプログラムを書くか、http request ノードを使用する方法があります。

　幸いにも「OpenWeatherMAP」ノードがありますので、読み込んで使用します。

　「パレットの管理」から「ノードの追加」で次の名前を入力してインストールします。

```
node-red-node-openweathermap
```

　追加に成功すると、次のようにノードパレットへ「openweathermap」ノードが追加されます。

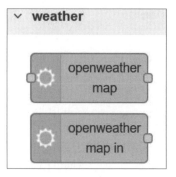

図3-56　OpenWeatherMAPノード

[2] OpenWeatherAPIの有効化

　「OpenWeatherAPI」を利用するためには「APIキー」というものが必要です。

　次のURLから「OpenWeatherMAP」のサイトにアクセスし、無料アカウントを作ります。

```
https://openweathermap.org/
```

ライセンス登録を行なうと、「API Keys」の欄にキーが表示されます。

このキーを後ほど使用します。

図3-57　OpenWeatherMAPのAPI Keyを控える

■フローの作成

全体のフローは以下の通りです。

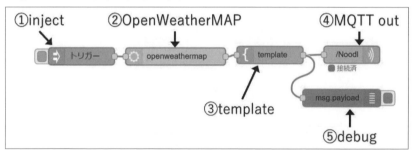

図3-58　全体フロー

●「inject」ノード

定期的にフローを実行させるために使用します。

今回はNoodlで制作した画面に表示するデータの更新間隔となります。
サンプルフローでは「1秒間隔」としています。

●「openweathermap」ノード

指定した地点の気象データを、「OpenWeatherMAP」から入手するノードです。
ここで「OpenWeather API」のキーを入力します。

図3-59　openweathermapノード

例の設定は「日本語で東京の現在天気」を取ってくる設定になっています。

●「template」ノード

入手したデータは「JSON形式」であり、大量の情報が詰まっています。

ここでは必要な情報の抜き出しと、Noodlへ送信するデータに形を整えています。
次の図のように設定します。
テンプレートノードで変数を使用する場合、{{ }}で囲むと利用できます。

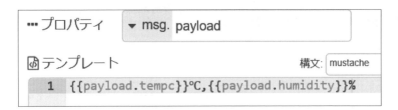

図3-60 「template」ノード

●「MQTT out」ノード

成形されたデータを、指定の「mqttブローカ」のトピックへパブリッシュします。

MQTTプロトコルの通信を行なうには、「**MQTTブローカ**」と呼ばれるサーバが必要です。

右の鉛筆マークからサーバの設定を行ないます。

サーバはお好みに合わせてご使用ください。

例では無料で利用可能な「**shiftr.io**」を使用しました。

https://shiftr.io/

図3-61 「MQTT out」ノード

図3-62 サーバの設定

■Noodlのインストール

「Noodl ver2.0」は2020年9月30日まで β 版が公開されている状況です。

それまでのインストール方法については次の記事に記載されています。

https://noodl-tokyo.connpass.com/event/160335/

2020年9月30日以降は、Noodlの公式サイトからインストールすることになるかと思います。

公式サイトは次のURLです。

https://tensorx.co.jp/noodl-jp/

もしくはNoodlのSlackコミュニティをご覧ください。

http:// noodl-community.slack.com

■Noodlの基本

Noodlも、Node-REDと同じく「フローベース」の「ビジュアルプログラミングツール」です。

Node-REDと異なる部分をいくつか挙げてみると、

・ノードには画面構成用と処理用の2種類が存在する
・画面構成用のノードは階層構造で接続する
・処理ノードは線でノードを接続する
・ノードを接続する時、ノードが持つ属性(プロパティ)を接続する
・デバッグ用のノードは存在しなく、コンソールで確認する

となります。

プロジェクトのインポートの手順は、以下の通りです。

手 順

[1] サインイン後、「Project」を選択

Noodlを起動しサインイン後、左上に「Lab」、「Projects」、「Learn」とタブが並んでいます。

この中で「Projects」を選択します。

[2] 「Import existing project」を選択

左下にある「Import existing project」を選択します。

[3] サンプルプロジェクトを選択

画面左にある「Pick project folder」をクリックすると読み込むフォルダの選択画面が表示されます。

ここでダウンロードしたサンプルプロジェクトを選択します。

●Noodlの全体フロー

今回の例では、右側の縦に積まれているノードたちが画面を構成するノードです。

左の、1つだけ飛び出しているノードが「処理ノード」です。

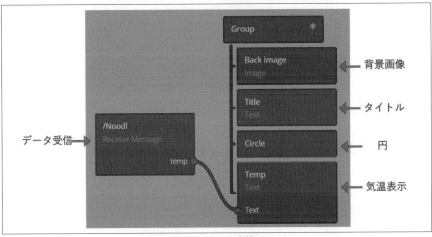

図3-63　Noodlの全体フロー

■Noodl の MQTT 設定

手 順

[1] MQTT ブローカを新規に設定
Noodl エディタ右上にある、泡のようなマークをクリック

図3-64 Noodl エディタ

MQTT ブローカの一覧が表示されますが、何もせずに右下の「CREATE NEW BROKER」をクリック。
MQTT ブローカの設定を新規に行なう画面が表示されます。

今回は外部ブローカを使用するので、右上の「External」にチェックを入れます。

[2]「名前」と「説明」を入力
この設定の「名前」(Name)と「説明」(Description)と URL を入力し、「Create」ボタンをクリックして完了です。

名前は分かりやすいように、ユニークな名前がいいです。

[3]「URL 欄」の入力
URL 欄には Node-RED の「MQTT out」ノードで設定した「MQTT ブローカ」の設定と同じものを入力する必要があります。
例では「shiftr.io」を利用しているので、次のような入力となります。

```
mqtt://ユーザ名:パスワード@boroker.shiftr.io
```

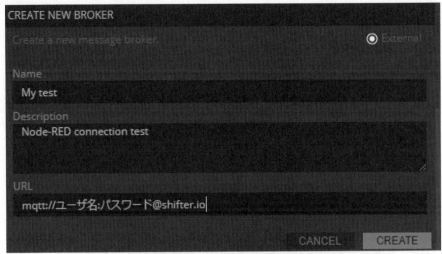

図3-65 「URL欄」の入力

[4]作ったブローカを有効にする

その後、「MQTTブローカ」の一覧に、作った名前のブローカが現れます。
しかし、この時点ではまだ「**無効状態**」となっています。

使用したいブローカにカーソルを合わせると、「USE AS PROJECT BROKER」
と表示されるのでクリックします。

有効となると、オレンジ色の「PROJECT BROKER」に表示が変わります。

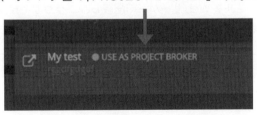

図3-66 USE AS PROJECT BROKER

■動作確認

Node-REDの「inject」ボタンを押すと、Noodlへデータが流れるようになり、気温が表示されるようになります。

Noodlでは、ノード間にデータが流れるとその線が光るようになっています。

もし、Node-REDの「inject」モードを押しても反応がない場合、MQTTの設定を見直してみてください。

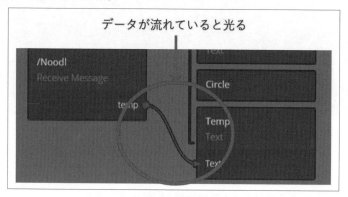

図3-67　線が光る

Column　Noodlのデプロイ機能

Noodlにはデプロイ機能があり、デプロイを行なうと「htmlファイル」と「jsファイル」が出力されます。

このファイルをWebサーバーに配置し、ブラウザで接続すると、作った画面を利用することができます。

デプロイするにはNoodlの画面右上にある上矢印マークをクリックし、「PICK FOLDER」をクリックして出力先を選択します。

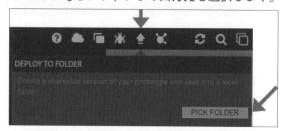

図3-68　Noodlのデプロイ

＊

　Noodlを使うことで、「画面のボタンを押したらロボットを前進させる」や「センサから取得した値を表示する」といった、自由度の高いUIを手軽に作ることが可能です。

　NoodlはNode-REDのダッシュボードとはまた異なった性質を持ち、デザイン性を重視した画面制作に向いているのでないかと思います。

　今回の例では触れていませんでしたが、Node-REDから送信しているデータの中に湿度も含まれています。

　ステップアップとして湿度データを表示する画面を作ってみてはいかがでしょうか。

3-6　「EnOcean」スイッチや照明制御プロトコル「DALI」で、照明設備をNode-REDから制御する

　この説では、制御の中でも照明制御の通信規格「DALI」（ダリ）と、センサやスイッチの無線通信規格「EnOcean」（エンオーシャン）をNode-REDと組み合わせて制御する方法を紹介します。

> ※「BLE Beacon Node」を使う為、「Raspberry Pi3」の環境で実施します。

■自動制御化の進む設備

　私達が普段使うオフィスや店舗などでは、照明や空調などさまざまな設備が使用されています。

　今回の世界規模のウィルス問題から世の中は「無人化」が大幅に進み、設備もIoTやAIに繋がり自動的に制御する動きが加速することが見込まれます。

■照明制御規格「DALI」

　「DALI」は、「Digital Addressable Lighting Interface」の略で、国際規格のIEC62386として認証された照明制御のためのプロトコルです。

　近年、国内でもこの規格に対応した照明器具が各メーカーから発売されており、オフィスや店舗、ホテルなど照明制御が必要とされる現場にて採用されています。

■Node-REDとDALI

　Node-REDは「入力」「出力」ノードを使って、さまざまなものをつなぐことができます。

　もし、Node-REDから「DALI」ゲートウェイへ、照明制御の信号を送る方法がわかれば、「AI」や「IoT機器」と、「照明設備」をつなげることも、思ったよりも簡単に実現できそうな気がしませんか？
　実は、現在の技術で十分実現可能なのです。
　これからその方法を紹介します。

■Node-REDと「DALIネットワークイメージ」

　DALIは「照明制御」のネットワークになります。

　そのため、Node-REDとDALIを接続する場合には、「DALI-Ethernet」のゲートウェイを利用し、下記のようなイメージとなります。

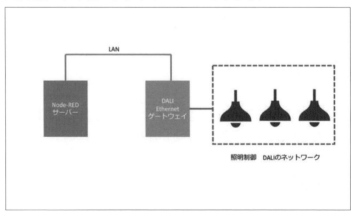

図3-69　Node-REDとDALIネットワークイメージ

■DALIゲートウェイと照明機器

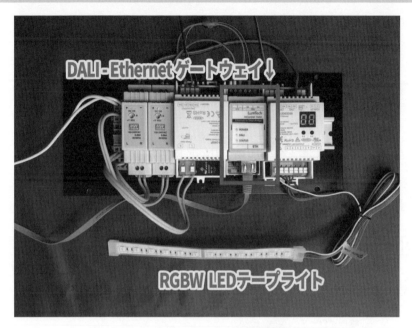

図3-70　DALIゲートウェイと照明機器

　上の写真は、今回使用したDALI-Ethernetゲートウェイと機器の写真です。

　今回、DALIネットワーク側で制御する照明として、4アドレスで「緑」「赤」「青」「白」が点灯する「LEDテープライト」を使用しました。

■はじめての「Node-RED　DALI」フロー

では、実際にフローを書いてみましょう。

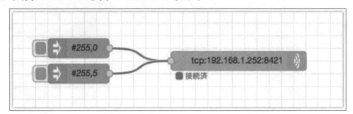

図3-71　はじめてのNode-RED DALIフロー

「Inject」ノードを2つと、「TCP出力」ノードを使って上記のフローをつくります。

●「Inject」ノード①

「Inject」ノード①(1つ目) はペイロードに文字データで"#255,0"とし、名前は「#255,0」としました。

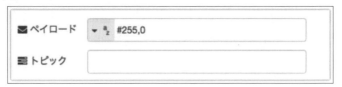

図3-72　「Inject」ノード①

●「Inject」ノード②

「Inject」ノード②も同様に"#255,5"とします。

図3-73　「Inject」ノード②

●「TCP出力」ノード

「TCP出力」ノードには、DALI-Ethernetゲートウェイの「IPアドレス」(192.168.0.252) と、「ポート番号」(8421)を入力します。

図3-74　TCP出力ノード

各ノードをつないだら「デプロイ」します。

■Node-REDから照明を「DALI」で制御する

では、いよいよNode-REDから「DALI」で制御してみましょう。

まずは、「Inject」ノードの「#255,5」を押します

図3-75　点灯

照明器具がすべて「点灯」しました。

次に、「Inject」ノードの「#255,0」を押します。

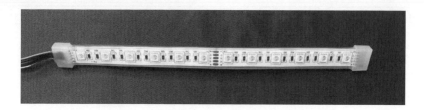

図3-76　消灯

照明がすべて「消灯」しました。

■DALIコマンドの解説

「DALI」は2byteの通信で、「最初の1バイト」(0〜255)が対象を、「後ろの1バイト」がコマンドを表します。

先ほどの#255,5は、前の255が「**全部の器具**」で、あとの5は「**最大で点灯せよ**」というコマンドになります。

同様に#255,0は、前の255が「**全部の器具**」で、あとの0は「**消灯せよ**」というコマンドです。

*

いかがでしょう？

「最初の1バイトで、どうやって対象の器具を指定するか」と、「後ろの1バイトにどんなコマンドがあるのか」が分かれば、Node-REDを使って照明をコントロールできそうな気がしませんか？

■個別器具を点灯させる

次は、個別のLEDを「On/Off」してみます。

ペイロードを文字列にして、下記の様に「Inject」ノードを4つ作り、「デプロイ」してください。

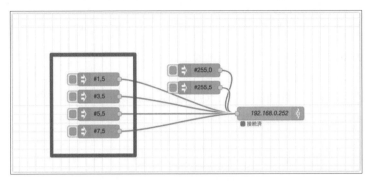

図3-77　個別器具フロー」

まずは、#1,5の「Inject」ノードを押してみましょう。

図3-78　#1,5点灯（赤）

次に、#3,5の「Inject」ノードを押してみます。

図3-79　#1,5 + #3,5 点灯（黄）

#1,5が「緑」、#3,5が「赤」で、両方が点灯して黄色になりました。

つまり、#1が「緑」、#3が「赤」、#5が「青」、#7が「白」のLEDのアドレスとなります。

■DALIコマンドについて

　以上のように、それぞれの器具に対しコマンドを送ることで、空間に設置された照明器具の明るさ設定を行なうだけでなく、クエリーコマンドを送ることで、現在点灯している明るさのレベルや故障の状態などを器具指定して取得することができるのが「DALI」の特長です。

　「DALI」は国際規格の「IEC62386」として認定されています。
　そのため、「どのコマンドで何が起こるのか」を、開発者側は、照明と連動するアプリケーションを、製造するメーカーを気にすることなく、自由に開発することが可能となります。

■エネルギーハーベスティング無線技術「EnOcean」

　「有線による電源供給」や「電池」などを使わず、環境にある「光」や「熱」「スイッチを押す動作」などのエネルギーを取得して、電力を取得する方法を「エネルギーハーベスティング」と言います。

　通信をするためには電力が必要ですが、ドイツにあるEnOcean(エンオーシャン)社は、「EnOcean]と呼ばれる「エネルギーハーベスティング無線技術」の特許をもつ会社で、スイッチやセンサなどの機器を世界中に供給しております。

　図3-75の製品は、電池や電源線を必要としない「EnOcean」の「BLEで通信を行なう無線スイッチ」です。

図3-80　EnOcean BLEスイッチ

　このスイッチを使って、ボタン押した状態をNode-REDで受け取る方法を紹介します。

■EnOcean と Node-RED を「BLE Beacon」でつなぐ

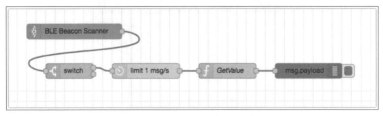

図3-81　EnOcean BLEデータ取得フロー

EnOceanのスイッチの値を取得するフローは上記の通りとなります。

以下、作成方法を説明します。

手 順

[1]「node-red-contrib-blebeacon-scanner」のインストール

　ターミナルから、「Bluetoothドライバ」と「blebeacon-scanner」をインストールします。

```
> sudo apt-get install libbluetooth-dev libudev-dev pi-bluetooth
> npm install @abandonware/noble
> npm install node-red-contrib-blebeacon-scanner
```

[2]「node-red-contrib-blebeacon-scanner」ノードの追加

　Node-REDの「パレットの管理」から「ノードの追加」で「node-red-contrib-blebeacon-scanner」を追加します。

[3]スイッチのIDをチェック

　私達の周りでは多くの機器がBLE通信をしているため、スイッチ固有のIDで「switch」ノードを使って、フィルタリングします。

図3-82　スイッチID

スイッチ裏の表記を確認。

このスイッチのIDは「E2150001695A」となります。

図3-83　「switch」ノード

「switch」ノードは、上のように「payload.id」の値をIDでフィルタリングします。

IDは小文字にするよう、ご注意ください。

[4]「delay」ノードを使って複数メッセージをカット

BLEは一度に複数のメッセージが送られます。

そこで、「delay」ノードを使って、同時に送られたメッセージをカットします。

図3-84 「delay」ノード

[5] スイッチのメッセージを取得

「EnOcean」スイッチからのデータは、「msg.payload.other」にBufferで取得します。

そのため、「function」ノードに下記のプログラムを書き、「スイッチの値」を取得します。

リスト　スイッチの値を取得するコード

```
var Packet = msg.payload.other;
var data = Packet[6];
msg.payload = data;
return msg;
```

[6] 「debug」ノードでEnOceanスイッチの値を確認しよう

上記フローによって、押したスイッチの値が「debug」ノードで確認できるようになりました。

このスイッチは「ボタンを押した時」「離した時」「2つのボタンを一緒に押した時」など、合計で「16」の値を取得することができます。(①④同時押し：19、同時離し：18　など)

図3-85　スイッチ番号

■「EnOceanスイッチ」と「DALI」をNode-REDでつなげる

前半の「DALI」と後半の「EnOcean」のフローを組み合わせた、「EnOceanスイッチからDALI照明を制御する」フローです。

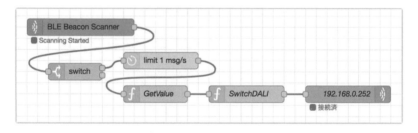

図3-86　EnOceanスイッチDALI制御フロー

「function」ノードの「SwitchDALI」は下記のコードになります。

```
var daliCommand = "";
var value = msg.payload;
switch(value){
    case 3:
        daliCommand = "#255,0"; // ボタン①　全消灯
```

```
            break;
        case 5:
            daliCommand = "#255,5"; // ボタン②　全点灯
            break;
        case 9:
            daliCommand = "#1,5"; // ボタン③　赤点灯
            break;
        case 17:
            daliCommand = "#3,5";  // ボタン④　緑点灯
            break;
    }
    if ( daliCommand !== "") {
        msg.payload = daliCommand;
        return msg;
    }
```

　以上で、「EnOcean」のスイッチからNode-REDを通して「DALI」で照明を
制御するフローが完成しました。

*

　Node-REDは既に用意されているノードを利用して、短時間で実際にプロ
トタイプまで作れるすぐれたアプリケーションです。

　そのNode-REDと私達の周りにある照明などの設備をつなげ、IoTデバイス
やAIなどを使った目に見えるカタチの変化を起こすことで、「Society5.0」時
代の、新しい「制御」のあり方をビジネスとして展開できると考えています。

　この機会に、設備の業界のIoTビジネスに興味をもっていただけると幸いで
す。

3-7 Node-REDから「SORACOM Harvest」にデータを送り、可視化してみる

今回は、さまざまなIoT連携ができるIoTプラットフォーム SORACOMで Node-RED から SORACOM Harvest にデータを送り可視化してみます。

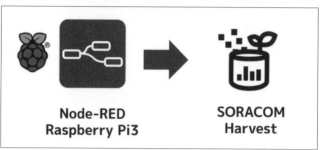

図3-87 Node-REDとSORACOM Harvestの連携

■「SORACOM Harvest」とは

SORACOM Harvestは、「IoTデバイスからのデータを収集や蓄積するサービス」で、一旦データを溜めて様子を見たいときに便利です。

インターネット経由(HTTPS)でデータを送ることができるので、たとえば、「Raspberry Pi」で何らかのセンシングをしたデータをNode-REDから送って、ひとまずデータを見るようなことも可能です。

■SORACOM Inventory でデバイス登録

まず、SORACOM Harvestにデータを入れるために、「SORACOM Inventory」でデバイス登録をします。

こちらの記事を参考にデバイス登録をしましょう。

https://dev.soracom.io/jp/start/inventory_harvest_with_keys/

図3-88 デバイスを追加

デバイスグループを作りデバイスを追加します。

注意としては、「**デバイス登録費用**」が発生します。

「無料枠」があるので、「SORACOM Inventory」の料金を確認しましょう。

SORACOM Inventory の料金について

https://soracom.jp/services/inventory/price/

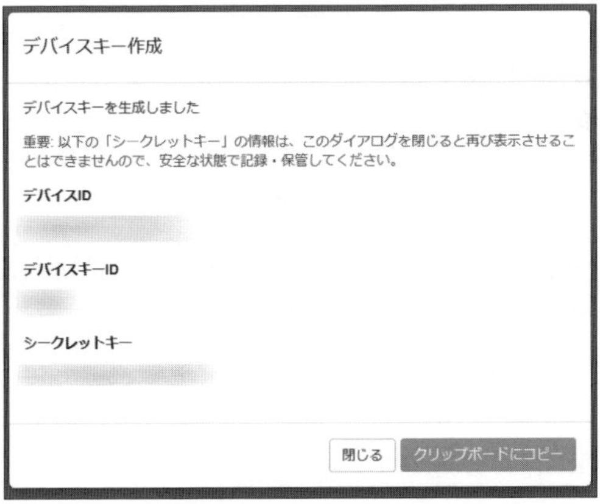

図3-89 デバイスキー作成

登録すると、デバイスキーが表示されます。

シークレットキーはこのときしか出ないので、すべてメモしておきましょう。

これで、「デバイスの準備」は完了です。

■SORACOM Harvest を使えるようにする

このままでは、まだ「SORACOM Harvest」は使えません。

図3-90　設定OFF

デバイスが登録されている「デバイスグループ」の設定をみると「OFF」になっています。

図3-91　設定ON

デバイスグループの設定で、SORACOM Harvestを「**ON**」にします。

■Node-REDの設定

続いて、Node-REDの設定です。

今回のフローは以下のURLからインポートしましょう。

https://github.com/1ft-seabass/io201904/blob/master/flow.json

インポートがはじめての方は以下を参考にします。

https://nodered.jp/docs/user-guide/editor/workspace/import-export

インポートできると、以下のようなフローが表示されます。

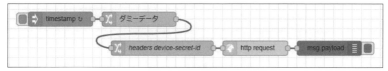

図3-92　全体フロー

手　順

[1] ダミーデータを作る「change」ノード

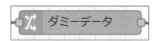

図3-93　ダミーデータ

　ダミーデータと書かれた「change」ノードは、「温度」と「湿度」をランダムで生成します。

図3-94　ダミーデータの設定

このように「JSONata方式」でデータを作っています。
こちらは、そのまま使います。

[2]「x-device-secretヘッダー情報」を作る「change」ノードの設定

図3-90　x-device-secretヘッダー情報

こちらの「change」ノードは、後述するhttp requestノードに対して「x-device-secretヘッダー情報」を追加します。

　これは、「SORACOM Harvest」へ送るために必要です。

図3-96　x-device-secretヘッダー情報の設定

　<device-secret-id> のところを、先ほどメモした「シークレットキー」と置き換えます。

[3]「http request」ノードの設定

図3-97　「http request」ノード

　最後に、「http request」ノードの設定を行ないます。

図3-98　「http request」ノードの設定

こちらのURL部分が「https://api.soracom.io/v1/devices//publish」となっているので、<deviceId> の部分を、先ほどメモした「デバイスID」と置き換えます。

もし、デバイスIDが ABCDEFGHIJK の場合、
「https://api.soracom.io/v1/devices/ABCDEFGHIJK/publish」になるイメージです。

■「デプロイ」して動かしてみる

こちらを「デプロイ」すると、「inject」ノードから1秒ごとにデータが送られます。

図3-99　デバッグ

「debug」ノードでこのように反応していたら、無事に送られています。

■「SORACOM Harvest」でデータ確認

いよいよ、SORACOM Harvestでデータを確認します。

手　順

[1]「SORACOMコンソール」で、データ収集を選択

図3-100　データ収集

「SORACOM Harvest」の画面が表示されます。

図3-101　SORACOM Harvest

[2] リソースタイプを「デバイス」にして、今回の「デバイスID」を指定

図3-102　デバイスIDの指定

[3] データを送信していた期間を指定して検索ボタンを押す

図3-103　期間の検索

データが可視化されて、ランダムで値が変動していることが確認できました。

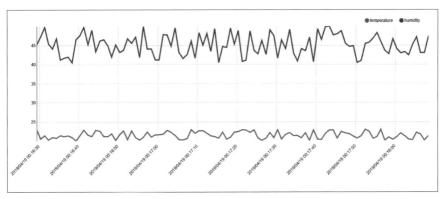

図3-104　データの可視化

　このように、「SORACOM Harvest」で、すぐにデータを見ることができる
とIoTの初動で効果を発揮しそうです。

　さらに、Node-REDから手軽に送れることが分かりました。

＊

今回は「センサデータ」をダミーで行ないました。

　Raspberry Piでセンシングそのものを行なったり、他のセンサを一旦
Raspberry Piで集めてからまとめて送ったり…と、いろいろな用途で使えそ
うです。

　ぜひ、「SORACOM Harvest」とNode-REDの連携を試してみてください！

第4章

ソフトウェアとの活用法

この章では、ソフトウェアと組み合わせたNode-REDの活用法を紹介します。

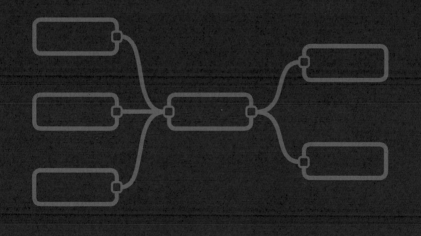

4-1　Node-REDから「メール」を送信する

　メール配信サービスである「SendGrid」を使って、Node-REDのフローから「メール」を送信してみましょう。

　この方法を用いると、「クラウド」上や「Raspberry Pi」上のNode-REDから、メールを手軽に送ることができます。

■「メール送信」には"挫折ポイント"がたくさん！

　クラウド上で「メール送信」をしようとする際に、インフラに詳しい方だと「メールサーバを自前で構築」したり、「クライアントプログラムから外部のメールサーバに接続」したりする方法を検討するでしょう。

　しかし、実際にクラウド上で「メール送信」をしてみると、上手くいかないことがよくあります。

　これは、クラウド上では「IPアドレス」が「再利用」されたり、海外のデータセンタなど「遠距離」から接続したりすることが原因で、「通常のメール送信操作」と挙動が異なるために、「ブロック」されてしまうことがあるからです。
＊

　Node-REDにおいても、同じ原因で「e-mail」ノードを用いたメール送信が上手くいかないことが、よく起こります。

　そのため、今回は「e-mail」ノードの代替として、メール配信サービスである「SendGrid」を用いてメールを送信してみます。

■「sendgrid」ノードのインストール

手　順

[1] ノードの追加

　「sendgrid」ノードをインストールするには、まずNode-REDのフローエディタ上で右上の「メニュー」→「パレットの管理」→「ノードの追加」と移動しましょう。

[2]「node-red-contrib-sendgrid」で検索

検索窓にキーワードとして「**node-red-contrib-sendgrid**」と入力すると、「sendgrid」ノードが検索結果に表示されます。

[3]ノードのインストール

右側にある「ノードを追加」ボタンをクリックすることで「sendgrid」ノードをNode-REDへインストールできます。

図4-1　ユーザ設定から「sendgrid」ノードをインストール

[4]インストールの完了

インストールが完了すると、左側のパレット内にあるソーシャルグループの中に青い「sendgrid」ノードが登場します。

図4-2　パレットに登場する「sendgrid」ノード

■「メール送信フロー」の作成

「sendgrid」ノードに渡すメッセージは、変数「**msg.payload**」にメール本文の文字列をもつ必要があります。(e-mailノードとほぼ同じ仕様)

ここでは、「現在時刻を表わす数値」(タイムスタンプ)を出力する「inject」ノードと、「sendgrid」ノードを組み合わせた、もっともシンプルな、以下のフローを作ってみましょう。

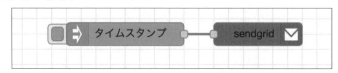

図4-3　タイムスタンプをメール送信するフロー

手 順

[1]「inject」ノードと「sendgrid」ノードをワイヤーでつなぐ

まず、パレットから順に「inject」ノードと「sendgrid」ノードをワークスペースに配置し、ワイヤーでつなぎます。

[2]各項目の入力

次に、「sendgrid」ノードをダブルクリックすると表示される「プロパティ画面」にて、「SendGridのAPIキー」「送信元メールアドレス」「送信先メールアドレス」——の3つを入力しましょう。

図4-4　sendgridノードのプロパティ画面

[3] 「APIキー」の取得

　「APIキー」は、「https://sendgrid.com」にアクセスして、SendGridの管理画面から取得します。(アカウント作成には「SendGrid」による審査が必要)

　SendGridの管理画面に入った後、左側のメニューの「Settings」内にある「API Keys」を選択しましょう。

図4-5　SendGridの管理画面から「API Keys」を選択

[4] 「Create API Key」をクリック

　その後、右上に現われる「**Create API Key**」ボタンをクリックします。

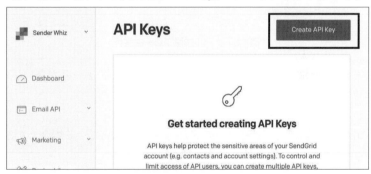

図4-6　SendGridの管理画面上で「Create API Key」ボタンをクリック

[5] 「APIキー」を入力欄に貼り付け

　APIキーの名前を入力して「**Create & View**」ボタンをクリックすると、APIキーが生成されます。

　APIキーをクリップボードにコピーし、「sendgrid」ノードのプロパティ画面のAPIキーの入力欄に貼り付けましょう。

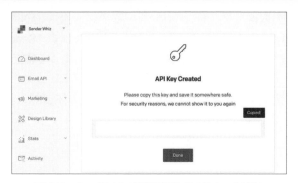

図4-7　SendGridの管理画面からAPIキーを取得

[6] デプロイボタンを押した後、「inject」ノードの左側のボタンをクリックし、正しくメールが送信できるか確認します。

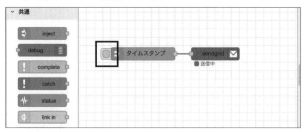

図4-8　メール送信フローを実行

　送信先メールアドレスの受信トレイを見ると、正しくメールが届いていることを確認できました。

　もし届かない場合は、「迷惑メール」のフォルダに入っている場合もあるので、設定から「迷惑メール」を除外してみてください。

　このノードを用いると、「クラウド」や「Raspberry Pi」上のNode-REDからメールを確実に送信できるようになりますね。

図4-9　メール受信結果

■「件名」や「本文」を記載した「メール送信フロー」の作成

　前のフローでは、メールの件名に「Message from Node-RED」、本文に「inject」ノードが生成したタイムスタンプが入っていました。

　次に、メールの「件名」と「本文」をカスタマイズしたフローを作ってみましょう。

　本フローでは、メールの件名を指定するために、値の代入を行なう「change」ノードと、本文を記載するために定型文を記載できる「template」ノードを用います。

手 順

[1] まず、以下のフローのように、「inject」ノード、「change」ノード、「template」ノード、「sendgrid」ノードの順にワークスペースに配置し、各ノードを「ワイヤー」で接続します。

図4-10　件名と本文を指定したメールを送信するフロー

[2] 「inject」ノードは、単にフローを開始するためのノードであるため、「ノードプロパティ」の変更は必要ありません。

[3] 「change」ノードについては、ダブルクリックして「ノードプロパティ」の画面を開き、「件名を「msg.topic」に代入する処理」を記載します。

　具体的には、ルールの種類としてデフォルトの「**値の代入**」を選択し、1つ目の入力欄に「msg.topic」という代入先の変数名、「対象の値」の入力欄に代入する値の「テストメールです」という文字列を記載します。

　これによって、「テストメールです」という件名のメールを送信できます。

図4-11　changeノードを用いてメールの件名を設定

[3]「template」ノードには、「変数「msg.payload」にメール本文を格納する処理」を記載します。

　ここでは、少し応用として「HTMLメール」を送信するため、「温度」「湿度」「気圧」の値をもつ表のHTMLを記載しました。

　もし「テキスト形式のメール」を送信する場合、この「template」ノードにHTMLタグを含まない文字列のみを記載します。

図4-12　templateノードを用いてメールの本文を設定

[4]本フローでは、「HTML形式」のメールを送信するため、「sendgrid」ノードのプロパティ設定も変更します。

　「sendgrid」ノードをダブルクリックしてプロパティ設定の画面を開き、「形式」のプルダウンメニューから「**HTML**」を選択します。

図4-13　sendgridノードの設定にてHTML形式を指定

[5]フローが完成した後、右上の「デプロイ」ボタンを押します。

　injectノードの左側のボタンをクリックすると「件名」と「メール本文」が設定されたメッセージがsendgridノードに送られ、メールが送信されます。

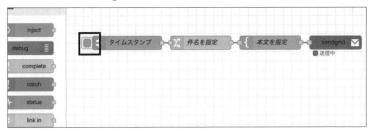

図4-14　「件名」と「本文」を指定したメールを送信

　「受信トレイ」を確認すると、「テストメールです」という件名がついた「HTML形式」のメールが届き、HTML形式で書いた「表」も正しく表示されました。

　このようなフローを用いると、「Raspberry Piに接続した温湿度センサの値を定期的にメール送信する」といった使い方もできます。

図4-15　「件名」と「本文」を指定した「HTMLメール」を受信

■「画像」「音声」ファイルを添付した「メール送信フロー」の作成

　さらに、「画像ファイルや音声ファイルを添付したメールを送信するフロー」を作ってみましょう。

　Node-REDで「バイナリデータ」を扱うには、「node-red-contrib-browser-utilsモジュール」の「file inject」ノード、「camera」ノード、「microphone」ノードを用います。

手　順

[1] 「node-red-contrib-browser-utilsモジュール」をインストール
　「sendgrid」ノードをインストールした時と同様に、Node-REDのフローエディタ上で右上の「メニュー」→「パレットの管理」→「ノードの追加」と移動し、「node-red-contrib-browser-utilsモジュール」をインストールします。

　本モジュールに含まれる「file inject」ノードは、Node-REDフローエディタ上からファイルをアップロードし、後続のフローにファイルのバイナリデータを渡すノードです。

「camera」ノードと「microphone」ノードは、それぞれPCに接続されたカメラで撮影した画像データ、マイクで録音した音声データを後続のフローに渡すノードです。

*

以下のように、各ノードをワークスペース上に配置し、「sendgrid」ノードとつなぎます。

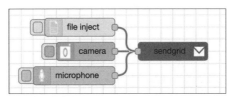

図4-16　「画像」や「音声」ファイルを添付したメールを送信するフロー

[2]各項目の設定

「sendgrid」ノードのプロパティ画面では、これまでと同様に「APIキー」「送信元のメールアドレス」「宛先のメールアドレス」を設定します。

「デプロイボタン」を押した後、順にフローを実行してみます。

[3]画像ファイル付きメールの送信

「file inject」ノードの左側のボタンをクリックすると、ファイルを選択するダイアログが表示されます。

「画像ファイルを選択」することで本画像ファイルが添付されたメールを、「sendgrid」ノードが送信します。

[4]カメラで撮影した画像付きメールの送信

「camera」ノードの左側のボタンをクリックした場合は、「カメラで撮影した画像」の画像ファイルが添付されたメールが送信されます。

[5]音声ファイル付きメールの送信

「microphone」ノードの右側のボタンをクリックすると録音を開始し、もう一度ボタンをクリックすると録音が停止します。

その後、録音した音声ファイルがメールに添付されたメールが「sendgrid」ノードによって送信されます。

図4-17　画像や音声ファイルが添付されたメールを受信

■「画像認識」「音声認識」の結果を記載したメール送信フローの作成

最後に、応用として、添付したファイルの「画像認識」や「音声認識」の結果を記載したメールを送信する方法を紹介します。

＊

Node-REDで「画像認識」や「音声認識」を行なうには、「**node-red-contrib-model-asset-exchangeモジュール**」をインストールします。

本モジュールには、学習済みモデルを用いた推論処理を行なう、さまざまな「REST API」にアクセスできるノードが含まれています。

今回は、画像データから画像の説明文を生成する「image caption generator」ノードと、音声データから音声の内容を判定する「audio classifier」ノードを用いました。

手　順

[1] フロー全体

以下のフローは、「file inject」ノードや「camera」ノードと「sendgrid」ノードの間に、「image caption generator」ノードと、値の代入を行なう「change」ノードを挿入しています。

「microphone」ノードの後ろには、音声認識を行なう「audio classifier」ノードを挿入しました。

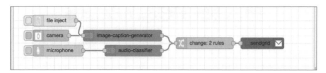

図4-18　添付ファイルの画像認識、音声認識結果を含むメールを送信するフロー

[2]「image caption generator」ノードのプロパティ設定

「image caption generator」ノードのプロパティ設定では、右上の「鉛筆マーク」をクリックして、デフォルトのサービスのエンドポイントを設定します。

次に、「Pass Through Input」のチェックボックスを「オン」にして、後続のフローに「認識結果」と「バイナリデータ」を合わせたメッセージを送信するようにします。

図4-19　「image caption generator」ノードのプロパティ設定

[3]「audio classifier」ノードの設定

「audio classifier」ノードについても、同様の設定を行ないましょう。

[4]代入処理の設定

「image caption generator」ノードや「audio classifier」ノードが出力するメッセージには、変数「msg.payload」に「認識結果の文字列」が格納され、変数「msg.inputData」に元のバイナリデータが格納されています。

認識結果を「メールの件名」、バイナリデータを「ファイル」としてメールに添付するため、「change」ノードを用いて、以下のように代入処理を設定します。

図4-20 「change」ノードを用いて値を代入

「sendgrid」ノードは、これまでと同様にプロパティ設定にて、「APIキー」「送信元のメールアドレス」「宛先のメールアドレス」を設定します。

「file inject」ノードを用いて人物の画像ファイルをアップロードすると、「a man wearing a tie and a hat(ネクタイと帽子を身につけた男性)」という件名がついた画像ファイル付きのメールを受信できました。

同様に「camera」ノードを用いて撮影すると、撮影した画像に写っているものを説明する文章が件名に書かれたメールが届くはずです。

また、「microphone」ノードを用いて手を叩く音を録音してみると「Clapping(拍手)」という件名が付いた「音声ファイル付きのメール」を受信できます。

図4-21 添付ファイルの認識結果が件名に記載されたメールを受信

　このように、「画像認識」や「音声認識」を用いることによって、添付ファイルを開くことなく件名で内容を添付ファイルの内容を把握することができるようになります。

　「Raspberry Pi」で開発した、「監視カメラシステムのメールアラート」などで活用できそうです。

4-2　Node-REDと「Twilio」の連携

　「Twilio」は、「電話」や「SMS」「Chat」などのさまざまなコミュニケーションツールを、開発したアプリケーションから利用できるサービスです。

　Node-REDで作ったアプリケーションに、いろいろな通知機能を持たせることで、実現できるシステムの幅は大きく広がります。

　ここでは、「Node-REDとTwilioの連携」について説明します。

■「Twilio」への登録

　「Twilio」のサービスを利用するためには、Twilioへのアカウント登録が必要です。
　アカウント登録は、以下URLより、行なうことができます。

https://jp.twilio.com/ja/

> ※2020/05現在、この記事に記載したシステムで利用するTwilioの機能は、無料アカウントで利用可能な範囲です。
> 　ただし、ここで記載した以上の仕組みを構築する場合や、今後の無料アカウントで利用可能なサービスの範囲の変更によって、課金を伴うアップグレードアカウントの利用が必要となる場合があります。

■「Raspberry Pi」から電話をかける

　「Raspberry Pi」は、各種センサへの接続性が高く、IoTにおけるデバイス側の実装を「Raspberry Pi」で行なうことも多いでしょう。

　ここでは、「Raspberry Pi」上で起動する Node-RED から、「Twilio」に電話リクエストを送信するところまでを構築してみます。

　ここでの構築例は、単純に Node-RED から手動で処理を実行するだけですが、このシステムを応用することで、たとえば、「Raspberry Pi」に接続したセンサ値が閾値を超えた場合に、「電話」や「SMS」で通知する仕組みなどを実現できます。

手 順

[1] Raspberry Pi のセットアップ

　「Raspberry Pi」から外部のサービスへ通信を行なうため、「Raspberry Pi」はインターネットに接続できる状態にしてください。

　「Raspberry Pi」への Node-RED のインストールと実行に関しては、以下の URL を参照してください。

```
http://nodered.jp/docs/getting-started/
```

[2] 「電話番号」の取得

　「Twilio」にログインし、「Twilio コンソール」から、留守番電話に使う「電話番号」と、「APIキー」(Node-RED で SMS 発信を行なうための認証キー) を取得します。

　アカウント登録直後は、ログイン後すぐの画面で、電話番号の取得を促されます。
　画面の指示に従って、電話番号を取得してください。

　見つからない場合や、すでに Twilio アカウントをご利用の方は、Twilio コンソール内の「電話番号」メニューで電話番号を取得してください。

　このときに取得した番号を利用して、次の構築例で紹介する、「■電話で話した内容を SMS で送信する」も利用する場合、取得する電話番号は、SMS を利用できる電話番号を取得してください。ここでは、SMS を利用できるアメリカの電話番号を取得しています。

[3]「APIキー」の取得

次に、「APIキー」を取得します。

「Twilioコンソール」のダッシュボード画面に、「アカウントSID」と「AUTHTOKEN」が記載されています。

これは、Node-REDで電話リクエストを送信するために使用するキーとなります。

[4] Twiml Binの作成

引き続き、Twilioコンソール画面から、「TwiML」という、電話発信時の振る舞いを指示するテキストを設定します。

左の丸いメニューの「All Products & Services」から「Runtime」「TwiML Bins」を選択し、「新しいTwiML Bin」を作ります。

今回は、以下のような、女性の声で日本語を話す「TwiML」を設定しました。

```
<?xml version="1.0" encoding="UTF-8"?>
<Response>
  <Say voice="alice" language="ja-JP">
    隣の客はよく柿食う客だ。
  </Say>
</Response>
```

作成後、「Properties」にTwiMLのURLが生成されるため、URLをコピーします。これも、Node-REDで使用するため、控えておいてください。

「Twilio」の設定は、これで終了です。

※Twilioコンソール操作の詳細は、以下のドキュメントをご参照ください。

https://jp.twilio.com/docs/usage

[5] Node-REDの設定

　最後に、「Node-REDから「Twilio」に電話をかけるアプリケーション」を作ります。

　　ノードの全体は、以下のようなシンプルなものです。

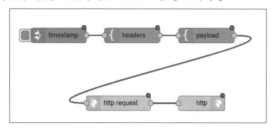

図4-22　ノード全体図

　「inject」→「template」→「template」→「http request」→「http response」という流れで実行します。

・「inject」ノード

　起点となるノードです。

　今回は、実行ボタンとして動作させるため、「(日時) timestamp」を送信するように設定しています。

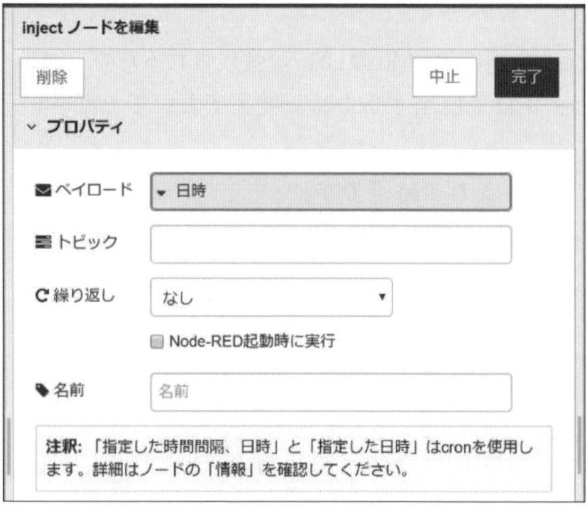

図4-23　「inject」ノードで実行ボタンの作成

・「template」ノードその①

HTTPリクエストの「ヘッダ」を生成します。

「msg.headers」に平文で以下を入力します。

出力形式は「**JSON**」を指定してください

```
{"Content-type": "application/x-www-form-urlencoded"}
```

図4-24 msg.headersの設定

・templateノードその②

HTTPリクエストの「ボディ」を生成します。

「msg.payload」に、同じく出力形式を「JSON」にし、平文で以下を格納します。

```
Url=<TwiML BinのURL>&To=<発信先番号>&From=<発信元番号>
```

　発信先の番号は、「Twilio」のアカウント登録時に設定した電話番号を「**国際電話表記**」（**日本では+81**）で、発信元番号には「Twilio」で取得した電話番号を、同じく国際番号表記で指定してください。

図4-25　payloadに設定するパラメータ

・「http request」ノード

先ほど「template」ノードで生成した「header」と「payload」を、「httpリクエスト」として送信します。

図4-26　httpリクエストの送信先を設定

ベーシック認証にチェックを入れ、ユーザ名に「TwilioのアカウントSID」、パスワードに「TwilioのAUTHTOKEN」を指定します。

送信先のURLは、以下を指定してください。

```
https://api.twilio.com/2010-04-01/Accounts/<アカウントSID>/Calls
```

・http response

HTTPリクエストの「レスポンス」(ここでは、Twilioに送ったリクエスト)を
送信するノードです。

「http request」ノードを利用した場合、必ずノードに配置する必要があります。
ノードの設置のみで、ノードへの設定は不要です。

これで、Node-REDの設定は完了です。
ノードを「デプロイ」してください。

[6] Raspberry Piから電話を発信

「inject」ノードのボタンを押してみましょう。
正しく動作した場合、指定した発信先電話番号に、電話がかかってきます。

TwiMLの設定次第で、電話のメッセージや振る舞いもカスタマイズ可能なた
め、是非、いろいろと試してみてください。

■電話で話した内容をSMSで送信する

次に、「クラウド上」(本項ではIBM Cloud)で実行するNode-REDと「Twilio」
を組み合わせた実践例を紹介します。

ある電話番号に電話をかけてメッセージを吹き込むと、吹き込まれたメッセー
ジの内容が文字となってSMSで通知される、というものを構築してみます。

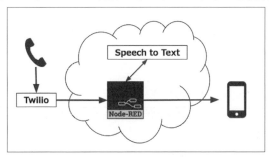

図4-27　システム概要図

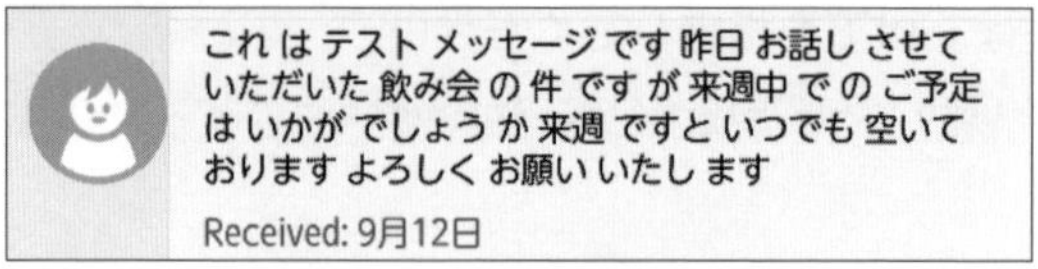

これはテストメッセージです昨日お話しさせていただいた飲み会の件ですが来週中でのご予定はいかがでしょうか来週ですといつでも空いておりますよろしくお願いいたします

Received: 9月12日

図4-28　SMS送信内容例

「IBM Cloud」を利用する理由として、2020年5月現在、Node-REDの環境構築が容易であり、また、IBM Cloudの「Speech to Text」サービスとNode-REDの接続(認証情報の受け渡し)を行なうことで、Node-REDで作ったプログラムに認証情報を埋め込まなくていい、というメリットがあります。

※他環境でNode-REDの構築を行なう場合や、他の音声テキスト化サービスとの接続をする場合は、本書の該当部を適宜読み替え、そのサービスに合わせた構築を行なってください。

手　順

[1] (IBM Cloud) IBM Cloudのアカウント作成

「IBM Cloudアカウント」を作ります。

アカウント作成方法は、以下のURLをご参照下さい。

https://www.ibm.com/cloud-computing/jp/ja/bluemix/lite-account/

[2] (IBM Cloud)Node-REDインスタンスの立ち上げ

まず、IBM Cloudから「**Node-RED Starter**」で「Node-REDインスタンス」を作って立ち上げます。

IBM Cloudにサインインした状態で、以下のURLにアクセスすると、「Node-RED Starter」の作成画面に遷移します。

https://console.bluemix.net/catalog/starters/node-red-starter

あるいは、カタログから「Node-RED」で検索することでも、「Node-RED Starter」作成画面に遷移できます。

[3] (IBM Cloud)　Watson APIの作成

IBM CloudのSpeech to Textを利用するために、Watson APIの利用を開始する必要があります。

　サービスカタログから「Speech to Text」を選択し、「地域」「組織」「スペース」
をNode-REDと同じ場所に指定し、作成ボタンを押して下さい。

[4] (IBM Cloud)　接続の設定

　ここは、IBM CloudのNode-REDインスタンスと「Speech to Text」を利用す
る場合のみ行なう設定となります。

　Node-REDと「WatsonAPI」の接続設定を行ないます。

　この作業で、Node-REDとWatsonAPIで認証情報の受け渡しが行なわれます。

　先ほど作成した「Speech to Text」から、「接続」を選び、「接続の作成」を選択
します。

　Node-REDが再起動されると、接続が確立されます。

　IBM Cloudコンソールの詳しい操作については、以下のURLを参照してくだ
さい。

https://cloud.ibm.com/docs

[5] (Twilio) 電話番号とAPIキーの取得

　「Raspberry Piから電話をかける」の「「電話番号」と「APIキーの取得」」項目で
記載した内容と同様です。

　ただし、今回はSMSでのメッセージの送信をするため、「**SMSの利用ができ
る電話番号**」を取得してください。

　ここでは、SMSを利用できるアメリカの電話番号を取得しています。

[6] （Twilio）TwiML Binの作成

　引き続き、Twilioコンソール画面から、「TwiML」を設定します。今回は、電
話を受けたときに流れる音声と、録音した音声データの送信先を設定します。

　左上のメニューアイコン「All Products & Service」（丸いアイコン）からすべて
のメニューを表示し、「**Runtime**」「**TwiML Bins**」を選択し、新しい「TwiML Bin」
を作ります。

　「recordingStatusCallbackパラメータ」は、作ったNode-REDのPOSTリクエ

ストに対応するURLに変更してください。

　IBM Cloudで、作成したNode-REDのURLを確認し、以下のように設定してください。

```
https://<IBM Cloudで作った際のNode-REDのURL>/recording
```

次項で、「/recording」に対応するPOSTリクエストを受け付けるhttp inノードを設定します。

> ※この段階では、まだNode-REDにフローを設定していないため、このURLは存在しません。
> 　このあと、Node-REDでフローを構築する際に、/recordingというURLから始まるフローを作ります。

```
<?xml version="1.0" encoding="UTF-8"?>
<Response>
<Say voice="alice" language="ja-JP">
 メッセージをおはなしください</Say>
<Record timeout="10" recordingStatusCallback="https://<IBM Cloudで作った際のNode-REDのURL>/recording"/>
</Response>
```

　作成後、左メニュー電話番号のアイコンより、「**電話番号**」「**Manage Numbers**」を選択し、購入した電話番号を選択します。

　「**通話着信時**」に、作成したTwiMLを設定して保存することで、「Twilio」の設定は完了です。

　これで、設定した電話番号に電話をかけた場合、「メッセージをお話下さい」のセリフの後に吹き込まれた音声ファイルの格納URLなどの情報が、「recordingStatusCallback」にPOSTされるようになります。

[7] Node-REDの設定
　最後に、Node-REDからアプリケーションを作ります。

　ノードの全体は、次の通りです。

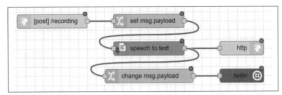

図4-29　ノード全体図

「http in」→「change」→「speech to text」とノードを進み、「http response」
ノードと、「change」→「twilio」ノードに分岐します。

各ノードの説明と設定内容について説明します。

・「http in」ノード
　電話を着信したときに送られるPOSTリクエストを受信することでフローが
開始します。
　前項で記載した通り、「/recording」というURLを設定します。
　「https://<IBM Cloudで作った際のNode-REDのURL>/recording」にリクエ
ストを受信した場合に、本フローが開始されます。

図4-30　POSTリクエストの入り口を設定

・「change」ノードその①
　前ノード「http in」で受け取ったパラメータはたくさんありますが、「speech
to text」ノードに必要な情報は、音声ファイルのURLだけです。

　そのため、このURLを扱いやすくするため、payloadに含まれる「Record
ingUrl」（録音されたWAVファイルのURL）のパラメータを、payload直下に代

入します。

図4-31　パラメータ格納先の移動

・「speech to Text」ノード

　「speech to text」の設定を行ないます。

　ここでは前の手順で「Node-RED」と「Speech to Text」を接続している場合、認証情報の設定は不要です。

　「Language」は「Japanese」、「Quality」は「NarrowbandModel」、「Speaker Labels」と「Place output on msg.payload」にチェックボックスを入れてください。

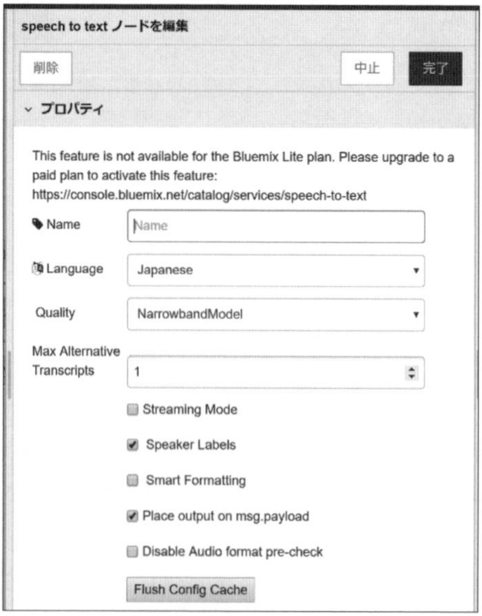

図4-32　「speech to text」ノードの設定

これで、Node-REDから「Watson API」に、「渡したpayloadに記載されたURLの音声データを文字化してもらう」というリクエストを投げることができます。

・http response

　HTTPリクエストのレスポンス（ここでは、Watson APIに送ったリクエストの返事）を送信するノードです。

　「http in」ノードを利用した場合、必ずノードに配置する必要があります。

　ノードの設置のみで、ノードへの設定は不要です。

・「change」ノードその②

　このノードは必須ではありませんが、文字化の品質を上げるために設定します。

　「Watson API」の「speech to text」では、仕様として、発言の"間"が「D_エー」などに変換されます。

　それらを正規表現によって削除し、なめらかな文章に変換します。

　正規表現で「D_(\S)*\s」の文字列を、空白文字に置換します。

図4-33　正規表現で不要な文字列を取り除く

・「twilio」ノード

　Payloadの文字列を、SMSで送信するよう、Twilioにリクエストを送ります。

　このノードでは、SMSで送信する情報を入力します。

　「Twilio」は鉛筆マークから、Twilioコンソールで取得したAPIキー情報を入力してください。

　「SMS to」には、SMSを送信する先の電話番号を国際番号表記で入力します。

図4-34　TwilioにSMSの送信リクエスト

[8]電話の発信

　ノードを「デプロイ」し、「Twilio」で発行した電話番号に電話をかけます。

　「TwiML」で設定した「メッセージをお話しください」の音声が流れるため、続けて、メッセージをお話しください。

　SMSに、録音したメッセージが文字化され、送信されます。

*

　ここで紹介したTwilioには、他にもさまざまなコミュニケーションサービスがあり、もちろん、Node-REDで使用可能です。

　ぜひ、他の構築例とも組み合わせ、新しいシステムを構築に役立ててください。

4-3　Node-REDで日常会話ボットを作る

　チャットボットの機能を提供するAPIはいろいろありますが、想定外の対話には実装上の苦労が多いです。

　今回は、想定外の対話部分を保管する日常会話機能を、Node-REDと「A3RT Talk API」を活用して作り、「Google Cloud Platform」の「App Engine」環境にて動作させようと思います。

■構成概要

今回作成するアプリケーションは、図4-35のような構成となります。

利用者は「Slack Bot」経由で雑談対話ができます。

日常会話機能は、リクルートテクノロジーズ社が提供している「A3RT」と呼ばれるAIサービス内の一つである「Talk API」を使います。

「Slack」と「Talk API」の橋渡しを担うNode-REDは、「Google Cloud Platform」(GCP)の「App Engine」(GAE)上で動作します。

Node-REDのフロー開発者は、ローカルのNode-REDで開発を行ない、そのフロー定義は「Gitlab」で管理されます。

また、Gitlabの「CI/CD」機能により、GAEにデプロイされる仕組みを構築します。

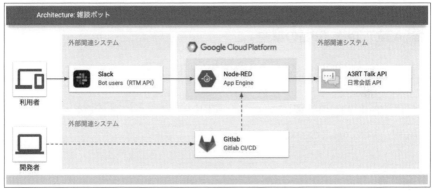

図4-35　構成概要図

■Slack Botの準備

チャットボットのユーザーインターフェースにSlackのBotsを利用します。

*

以下の手順でSlackにBotsを追加し、「API Token」を控えておいてください。

[1] ボットを検索

　「App Directory」(https://<your_workspace>.slack.com/apps) にて、「Bots」を検索します。

[2] インストール

　「Bots」を選択し、「Install」を押下します。

[3] ボットの名前を入力して追加

　インストール後、「Add Configuration」を押し、ボットの名前を入力して、「Add bot integration」を押して追加します。

[4] 「API Token」を控える

　追加したボットの「Edit Configuration」を押下し編集画面に進み、「API Token」を控えておきます。

■「A3RT Talk API」の準備

　まずは、「A3RT Talk API」のAPI KEYを発行します。

　なお、Talk APIの詳細については、以下のサイトを確認してください。

https://a3rt.recruit-tech.co.jp/product/talkAPI/

[1] 「API キー」の発行

　「API KEY 発行」を行ないます。

https://a3rt.recruit-tech.co.jp/product/talkAPI/registered/)

　メールアドレスを入力し、送信ボタンを押してください。

[2] 確認メールに記載のURL をクリックして

　「A3RT(talk) - メールアドレスの確認」というタイトルの確認メールが送信さ

れます。

そのメール内に記載のURLをクリックしてください。

[3]「APIキー」発行の完了

メールアドレス確認が完了すると、「A3RT(talk) - APIキー発行完了のお知らせ」というタイトルのメールが送信されます。

メール本文に発行された「APIキー」が記載されておりますので、それを控えておきます。

■「Google Cloud Platform」の準備

Node-REDは「Node.js」実行環境で動作します。

今回はその実行環境として、GCPの「App Engine Flexible」環境を利用します。

GAEの詳細については、以下のサイトをご確認ください。

```
https://cloud.google.com/appengine?hl=ja
```

①「Google Cloud Platform」アカウント作成

まずはGCPのアカウントを作り、「無料トライアル」を開始しましょう。
必要なものは、「Googleアカウント」と「クレジットカード」です。

「クレジットカード」は、ロボットではないことを確認するために使用されます。

無料トライアルが終了しても有料アカウントに手動でアップグレードしない限り、課金されることはないので、安心してください。

手順

[1]「Google Cloud Platform」から無料トライアルを始める

「Google Cloud Platform」サイトにアクセスし、「無料トライアル」ボタンを押します。

```
https://cloud.google.com/
```

ログインを求められるので、予め準備したGoogleアカウントでログインします。

[2] 登録情報を入力

「無料トライアル」の登録画面が表示されますので、以下を入力します。

- ・国
- ・アカウントの種類(個人/ビジネス)
- ・名前と住所
- ・支払い方法(クレジットカード/デビットカード)

[3] 登録の完了

登録が完了すると、「ようこそ」ポップアップが表示されます。

これで「GCP」が利用可能です。

②プロジェクト作成

続いて、今回のアプリケーションを動作させるプロジェクトを作ります。

「GCP」では、プロジェクト単位でシステムの動作に必要なリソースを管理します。

手　順

[1]「新しいプロジェクト」の作成

画面上にあるプロジェクト選択メニューを押下し、選択画面を表示します。

選択画面の右上に「新しいプロジェクト」というボタンがありますので、これを押してください。

[2]「プロジェクト名」「場所」を入力

「新しいプロジェクト」の作成画面が表示されますので、「プロジェクト名」と「場所」を入力し、「作成」ボタンを押してください。

[3]「新しいプロジェクト」の完成

ホーム画面のプロジェクト情報に表示されている「プロジェクトID」を控えておきます。

③API有効化

「Gitlab」から「GAE」にデプロイするためには、プロジェクトに対して、以下の5つのAPIの追加が必要となります。

・Compute Engine API
・App Engine Admin API
・Google App Engine Flexible Environment
・Cloud Build API
・Cloud Deployment Manager V2 API

これらのAPIを「有効化」します。

手 順

[1] 「APIとサービスを有効化」ボタンを押す

左上のハンバーガーメニューから「APIとサービス」→「ダッシュボード」を開き、表示されたページの上にある「APIとサービスを有効化」ボタンを押します。

図4-36　APIとサービス

[2] 「Compute Engine API」検索

検索フォームに「Compute Engine API」検索、ヒットした当該APIをクリックします。

[3] APIを有効にする

まだAPIが有効になっていない場合、「有効にする」というボタンが表示されますので、押してください。

少し経つと「APIが有効」になり、API概要が表示されます。

ステータスが「有効」になっていることを確認してください。

同様の手順で、他のAPIも有効化してください。

④サービスアカウント作成

「Gitlab」から「GAE」にデプロイするためには、APIを実行するための「サービスアカウント」が必要となります。

以下の手順で作ります。

手　順

[1]「サービスアカウントを作成」ボタンを押す

左上のハンバーガーメニューから「IAMと管理」→「サービスアカウント」を開き、表示されたページの上にある「サービスアカウントを作成」ボタンを押します。

図4-37　IAMと管理

[2]各項目を入力して、「作成」ボタンを押す

以下のように、「サービスアカウント名」と「ID」を入力して、「作成」ボタンを押します。

・サービスアカウント名：任意(ここでは gitlab-ci)
・サービスアカウントID：任意(ここでは gitlab-ci)

図4-38　サービスアカウント作成

[3] 各種権限の付与

　以下の権限を追加し、「続行」ボタンを押します。

・App Engine サービス管理者
・App Engine デプロイ担当者
・Cloud Build 編集者
・ストレージオブジェクト 管理者

図4-39　権限付与

[4] キー作成

「キー作成」ボタンを押して、「JSON」を選択、さらに「作成」ボタンを押します。

　キー情報が書かれたJSONファイルがダウンロードされるので、安全に保管してください。

　ダウンロードされたら、「閉じる」ボタン、「完了」ボタンを押してください。

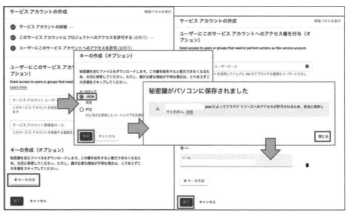

図4-40　キー作成

●GAE有効化

　最後に、「GAEを有効化」します。

　以下の設定値を参考に作ってください。

Region：任意(ここでは asia-northeast1(東京)を選択)

Language：Node.js

Environment：フレキシブル

手　順

[1] 左上のハンバーガーメニューから「App Engine」→「ダッシュボード」を開き、表示されたページ中央付近にある「アプリケーションの作成」ボタンを押します。

[2] GAEを稼働させるリージョンを選択し、「アプリを作成」ボタンを押します。

[3] Languageプルダウンから「Node.js」を、Environmentプルダウンから「フレキシブル」を選択し、「次へ」ボタンを押下します。

[4]「App Engineアプリが正常に作成されました」というポップアップが表示されたら完了です。

■Gitlabの準備

GAE用の「Node-REDスターターコード」の準備と、GAEに自動デプロイするための「CI/CD」の設定を行ないます。

手 順

[1] プロジェクトをインポートします。

以下に「スターターコード」があるので、自分のプロジェクトへインポートします。

```
https://gitlab.com/ktsz/node-red-starter-googleappengine.git
```

[2]「CI/CD」の変数を設定します。

「Gitlabプロジェクト」へアクセスし、左メニューの設定→「CI/CD」を開き、「Variablesセクション」を展開します。

以下の変数を設定してください。

キー	値
GCP_PROJECT_ID	GCPのプロジェクトID
GCP_SERVICE_ACCOUNT	サービスアカウントのキーJSONファイル内本文をコピーし設定
NODE_RED_CREDENTIAL_SECRET	Node-REDフロー暗号化キー（任意の値）
NODE_RED_USE_EDITOR	Node-REDのエディタ使用可否（デフォルトはfalse）
NODE_RED_USE_APPMETRICS	AppMetricsの使用可否（デフォルトはfalse）
NODE_RED_USERNAME	Node-REDのエディタのログインユーザーID
NODE_RED_PASSWORD	Node-REDのエディタのログインユーザーPW

■Node-REDの準備とフロー開発

　Node-REDの「フロー開発環境」を準備して「フロー開発」を行ない、「GAE」
へデプロイします。

①Node-RED開発環境の準備

手　順

[1] Node-RED をローカル環境にインストール

　こちら（https://nodered.jp/docs/getting-started/local）を参考に、以下コマ
ンドでインストールしてください。

```
sudo npm install -g --unsafe-perm node-red
```

[2] Node-REDの「プロジェクト機能」を有効化

　<インストール先>/settings.js ファイルの一番下に「プロジェクト機能」のセク
ションがあります。

　デフォルトは false になってますので、ここを true に変更し、プロジェクト
機能を有効化します。

```
// Customising the editor
editorTheme: {
    projects: {
        // To enable the Projects feature, set this value to true
        enabled: true
    }
}
```

[3] Node-RED を以下のコマンドで起動

```
node-red
```

[4] プロジェクトをクローン

　ブラウザでローカルのNode-REDへアクセスします。

　「右上のハンバーガーメニュー→プロジェクト→新規」を開き、「プロジェクト

をクローン」を押します。

以下の必要な情報を入力し、「プロジェクトをクローン」ボタンを押してください。

プロジェクト名：任意

Gitリポジトリの URL：先程インポートし準備したGitlab リポジトリのURL

ユーザー名：Gitlabのログインユーザー ID

パスワード：Gitlabのログインユーザー PW

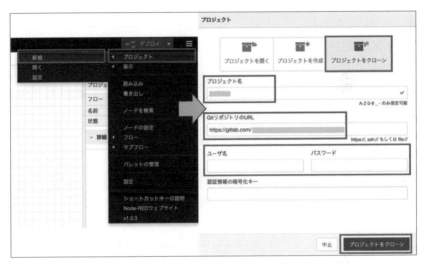

図4-41　プロジェクトのクローン

[5] フローの暗号化設定

ノードに設定する API トークン等のセキュリティ情報を暗号化するため、「フローの暗号化設定」を行ないます。

「右上のハンバーガーメニュー→プロジェクト→設定→左タブの設定」を開きます。

そのウィンドウの右上に「編集」ボタンがあるので押し、新規の暗号化キーとして、Gitlabの「CI/CD」変数で設定した「フロー暗号化キー」と同じ値を設定します。

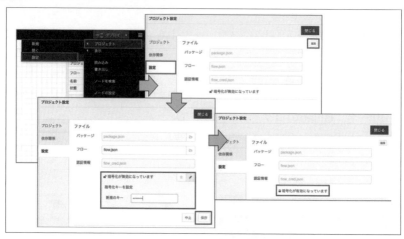

図4-42　暗号化キー設定

[6]「A3RT Talk」用のノードを追加

　いったん、ローカルのNode-REDを停止します。

　「＜インストール先＞/package.json」ファイルと「＜インストール先＞/
projects/＜プロジェクト名＞/package.json」を開きます。

　そして、両方のファイルの「dependencies」に、以下のコードを追加します。

```
"node-red-contrib-a3rt": "~0.0.2",
"node-red-contrib-slack": "~2.0.x"
```

　追加後、インストール先に移動し、以下のコマンドで「依存モジュールのインストール」を行ないます。

```
npm install
```

　その後、再度Node-REDを起動してください。

②Node-REDフローの作成

Slackからメッセージを受けたメッセージを元に、「A3RT Talk API」を通じて日常会話メッセージを受け取り、さらにそれを「Slack」に返すためのフローを開発します。

手 順

[1] ノードの設置

必要なノードを右側パレットからドラッグし、真ん中のワークスペースにドロップ。

図のようにワイヤリングしてください。

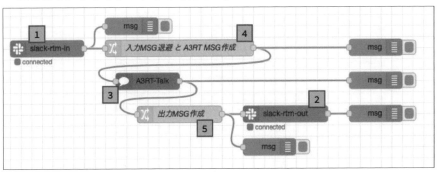

図4-43　日常会話ボット フロー

[2] 番号を振った各ノードに対し以下の設定を行なう

対象	ノード型	設定項目	設定値
1, 2	slack-config	Token	Slack Botの準備で控えたTokenを設定
1	slack-rtm-in	Slack Client	上記slack-config設定を選択する
		Slack Events	message
2	slack-rtm-out	Slack Client	上記slack-config設定を選択する
3	a3rt-config	API Key	A3RT
		API Key	上記a3rt-config設定を選択する
4	change	msg.inputPayload	代入 msg.payload
		msg.payload	代入 msg.inputPayload.text
		msg.slackState	削除

対象	ノード型	設定項目	設定値
5	change	msg.topic	代入 文字列 "message" を設定する
		msg.a3rtReply	代入 msg.payload
		msg.payload	削除
		msg.payload.text	代入 msg.a3rtReply.results [0] . reply
		msg.payload.channel	代入 msg.inputPayload.channel

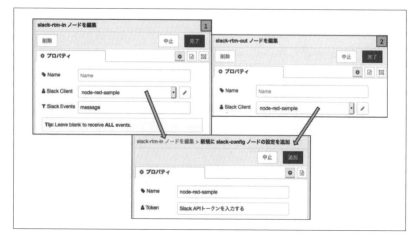

図4-44　Slackノード設定

図4-45　A3RT Talkノード設定

図4-46　changeノード設定

これでフロー開発は完了です。

③プッシュとデプロイ

最後に、開発したフローを「Git」に「コミット/プッシュ」し、「GAE」にデプロイします。

手　順

[1] 開発したフローを「コミット/プッシュ」する

Node-RED画面右側のサイドバーの「履歴」タブを開きます。「ローカルの変更」セクションを確認し、対象の変更を追加します。

すべての場合は「全て」ボタンを押し「コミット対象とする変更」に追加します。

コミットコメントを入力し、「コミット」ボタンを押します。

「コミット履歴」セクションを開き、「↑↓」ボタンを押下、プッシュ先のリモートブランチを選択し、「プッシュ」ボタンを押します。

これで、「リモートGitブランチ」への「プッシュ」が完了しました。

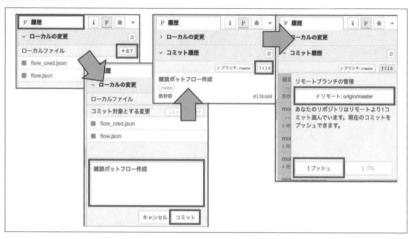

図4-47　コミットとプッシュ

[2]「CI/CD パイプラインジョブ」の起動

　masterにプッシュもしくはマージされると、Gitlabの「CI/CD パイプライン ジョブ」が起動します。

　実行時間は10分くらいとなります。

　ジョブStatusが「成功」になっていること、実行ログの最後に「Job succeeded」と出力されていることを確認ください。

図4-48　Gitlab「CI/CD パイプライン ジョブ」実行画面

　これで、作ったNode-RED フローが「GAE」で動き始めます。

■動作確認

それでは、「ボット」と対話してみましょう。

Slackに追加したボットに対し、ダイレクトメッセージを送ってください。
ボットと対話はできたでしょうか。

このように、日常会話が可能な
「A3RT Talk API」を用いることで、
ボットに簡単に日常会話機能を持た
せることができます。

これを元に、いろいろとカスタマ
イズして使ってみてください。

図4-49　動作画面

4-4 Node-REDで「お手軽サーバ監視」

　Node-REDを用いて、ログファイルを「監視」し、条件によって「記録」や「通知」
「可視化」を行なうサンプルを紹介します。

> ※なお、あくまでも「Node-RED」がログ監視においても利用できることを紹介す
> るものであり、実際のセキュリティ対策を満たすものではありません。

■ 構成

今回は、「SSH のアクセスログ」を監視してみましょう。

　筆者の環境では、Ubuntu に「Node-RED」をインストールし、「/var/log/
auth.log」を監視する構成にしました。

　そのほか、検知記録を保存し集計するために「SQLite」を、通知には「Slack」

を利用します。

また、応用編として外部にデータを保存する例も後述します。

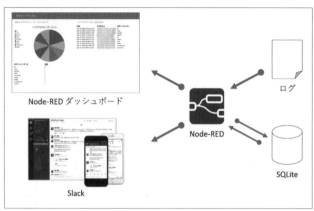

図4-50 構成図

■ 準備

さっそく、環境を作ってみましょう。

利用するフローデータおよび手順の詳細は、「補足資料」として下記URLに掲載しました。併せてご参照ください。

https://github.com/dzeyelid/node-red-example-monitor-server-log

手順

[1] パッケージのインストールと準備

「Node.js」「Node-RED」および、「SQLite コマンド」をインストールします。

リスト4-9-1 インストール手順(Ubuntuの場合)

```
# Node.js をインストールする
$ curl -sL https://deb.nodesource.com/setup_12.x | sudo -E bash -
% sudo apt-get install -y nodejs
```

```
# Node-RED をインストールする
$ sudo npm install -g --unsafe-perm node-red

# SQLite コマンドをインストールする
$ sudo apt-get install sqlite
```

「SQLite」のデータベースファイル「monitor-logs.db」を作成し、「invalid_
users」テーブルを作ります。

リスト4-9-2　データベース作成

```
# データベース格納用のディレクトリを作成し、オーナーを設定する
$ sudo mkdir /usr/local/etc/sqlite3
$ sudo chown <you>:<your group> /usr/local/etc/sqlite3/

# データベースファイルを新規作成し、CREATE TABLE を実行する
$ sqlite3 /usr/local/etc/sqlite3/monitor-logs.db

sqlite> CREATE TABLE invalid_users (timestamp TIMESTAMP NOT NULL
PRIMARY KEY, user VARCHAR(32) NOT NULL, address_from VARCHAR(15) NOT
NULL);
sqlite> .exit
```

[2] Node-REDの準備

次に、「Node-RED」を起動します。

リスト4-9-3　Node-REDを起動

```
$ node-red
```

正常に起動できたら、ウェブブラウザで下記のURLを開き、Node-RED エ
ディタを開きます。

```
http://<サーバのアドレス>:1880
```

「Node-RED エディタ」で、右上のメニューから、「パレットの管理」を開き、
「ノードを追加」タブで、下記のノードを追加します。

・node-red-node-sqlite
・node-red-dashboard

ノードが追加できたら、フローデータを読み込みます。
メニューから「読み込み」→「クリップボード」を開きます。

ここに、前述の「補足資料」のフローデータ「flow.json」の内容を貼り付け、読み込んでください。

「auth.log を監視」というフロー（タブ）が現われるので、クリックしてアクティブにします。

図4-51 「auth.log を監視」フロー（左半分）

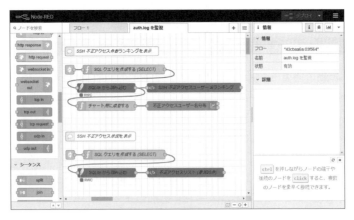

図4-52 「auth.log を監視」フロー（右に続く）

[3] Slack通知の準備

この状態ではまだ「Slack」へ通知ができないので、設定に進みましょう。

まず、下記のURLを参考に、「Slack」の「Incoming Webhook」を作成します。

https://api.slack.com/messaging/webhooks

「Node-RED」の「Slackに通知」ノードのプロパティを開き、「URL」欄に上記で作成した「Webhook URL」を設定してください。

図4-53 「Slackに通知」ノードを設定する

次に、「通知メッセージを作成する」ノードのプロパティで通知内容を編集します。
「http://localhost:1880/ui/」の部分は、「Node-REDダッシュボード」のURLです。
適宜、サーバのアドレスに置き換えてください。

図4-54 「通知メッセージを作成する」ノードを編集する

編集が完了したら、「デプロイ」します。

■ 動作確認

それでは、試しに SSH で「不正なログイン」をしてみましょう。

Slack に下記のような通知が届いたら、成功です。

図4-55　不正ログインがSlackに通知された

さらに、「See all」をクリックすると、「Node-RED ダッシュボード」が開き、これまでの記録が表示されます。

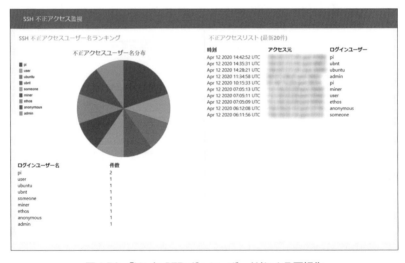

図4-56　「Node-RED ダッシュボード」による可視化

■ 応用編

ここまでの作業では、「サーバ依存」になってしまい、実際に監視を行なうには不便があります。

そこで、「外部のサービスにログを保存する例」をご紹介します。

データを保存するサービスは多く存在し、今回はMicrosoft Azureの「**Azure Data Lake Storage**」を利用します。

「Azure Data Lake Storage」はビックデータを扱うための低コストなストレージです。
Microsoft Azure がもつ、さまざまなサービスと連携しやすく、ログの蓄積に向いています。

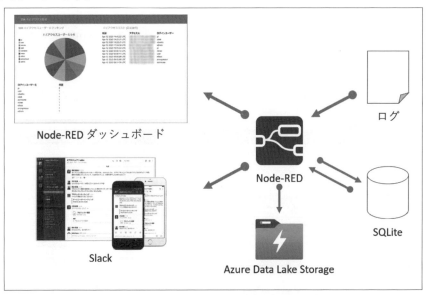

図4-57　Azure Data Lake Storage を含めた構成

手　順

[1] Azure アカウントの準備
　Azure アカウントが必要です。
　もってない場合は、ここから無料で作ることができます。

https://azure.microsoft.com/ja-jp/free/

[2] 「Azure Data Lake Storage」の準備
　前述の「補足資料」にある「docs/prepare-azure-data-lake-storage_ja.md」を参考に、「Azure Data Lake Storage」を作ります。

手順に従い、「Storage Account Name」「Storage Account Key」「File system(Container name)」の情報を控えておいてください。

[3] Node-RED のフロー変更

それでは、「パレットの管理」→「ノードを追加」タブを開き、下記のノードを追加していきましょう。

```
node-red-contrib-azure-data-lake-storage
```

次に、「template」ノード、「cloud」カテゴリに追加された「append file」ノードを図のように配置します。

最初の「/var/log/auth.log を監視する」ノードから「template」ノードに入力するようにつなぎます。

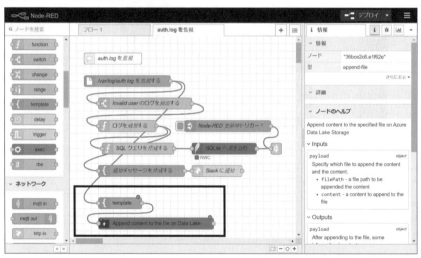

図4-58　「template」ノードと「append file」ノードを配置

「template」ノードのプロパティを開き、テンプレートには下記の JSON を入力し、「出力形式」を「JSON」に変更してください。

リスト4-9-4　テンプレートを編集

```
{
  "filePath": "auth.log",
  "content": "{{ payload }}"
}
```

図4-59　「template」ノードのプロパティを編集

それから、「append file」ノードのプロパティを開き、前述で取得した「Storage Account Name」「Storage Account Key」「File system(Container name)」を設定します。

図4-60　「append file」ノードのプロパティを編集

設定が終わったら「デプロイ」し、ふたたびSSHで「不正なログイン」をしてみましょう。

「Azure Data Lake Storage」の Container に「auth.log」ファイルが作られ、その後は不正なログインがあるごとに追記されていることが確認できます。

■まとめ

実は、今回紹介したフローは、「基礎編」は10種類、「応用編」は1種類加えただけのノードで構成されています。

これらのノードを覚えるだけで、ファイルの「監視」から「通知」「可視化」まで、幅広い機能を実装することができます。

4-5　Node-REDとWatsonを使って「LINEチャットボット」を作る

チャットツールにも、「WhatsApp」「WeChat」「Slack」「Facebook Messenger」など、いろいろありますね。
そんな中、「Node-RED勉強会」などでチャットボットの話をしても、やはりいちばん多いのは「LINEとつなぎたい」、という声です。

そこで、今回は「LINEでのチャットボット」をNode-REDで制御して、「IBM Watson API」とつなぐ方法を説明します。

■アプリケーションの構成

今回作るアプリケーションは、「猫と会話するLINEのチャットボット」です。

「LINE Developer」よりスキルを作ることができるので、簡単なチャットボットはLINEだけで完結できます。

ですが、今回はWatsonの「Assistant」という自然言語解析のボットAPIとつなげるため、Node-REDを使っていきます。（**図4-61**）

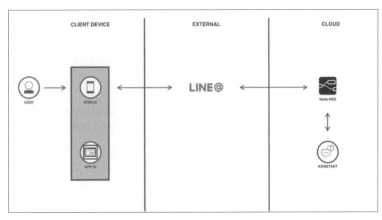

図4-61　アプリケーション構成図

■「IBM Cloud」側の作業

　前述のアプリケーション構成図の右側、「Cloudエリア」にあるのがNode-REDと「Watson Assistant」です。

　Node-REDは独立したオープンソースソフトウェアですが、IBMが開発した経緯があるため、「IBM Cloud」上ですぐに使える状態になっています。

　また、自然言語を解析して会話を組み立ててくれる「Watson Assistant」も、「IBM Cloud」上にAPIサービスとして作っています。

手　順

[1] IBM Cloudアカウント作成
　まずはIBM Cloudのアカウントが無いと先に進めないのでサクッと作ってしまいましょう。

　クレジットカード不要で、いつまででも無償の「ライトアカウント」を使います。
　クレジットカードを登録しないので絶対課金されず、安心して使えます。

IBM Cloudの「アカウント登録」及び「ログイン」は下記URLからできます。

https://ibm.biz/BdzkDN

図4-62　IBM Cloudアカウント登録

[2] Watson Assistant サービス作成

　「IBM Cloud」のカタログから、「Watson Assistant」を選択します。
　左側のカテゴリで「AI」を選択するとすぐに見つけられます。（図4-63）

図4-63　カタログからWatson Assistantを選択

　「サービス名」と「地域」「組織」「スペース」、それに「料金プラン」を、以下の通りに設定して、「作成ボタン」をクリックします。

地域：任意 *ここでは東京を選択
リソースグループ：default
料金プラン：ライト

[3] Watson Assistant 会話作成

「Watson Assistant」のインスタンス作成後に表示される画面から、ツールを起動するために、「Watson Assistantの起動」ボタンをクリックします。(**図4-64**)

Watson Assistantの管理画面から「Skill」を作ります。

Watson Assistantはチャットボットなどで利用する会話文の定義やフローを学習させることができます。

そのための作業スペースを「Skill」と言います。

この「Skill」には、一意のIDが割り当てられ、アプリからこのAPIを呼び出す際に利用されます。

図4-64　Watson Assistantを起動

Watson Assistant ツールが起動したら、メニューから「Skills」を選択し、「Create skill」ボタンをクリックして下さい。

「Select skill type」画面で、「**Dialog skill**」を選択し「Next」ボタンをクリックします。

今回は、あらかじめ用意した、非常に簡単な会話フロー(目的と意図も設定)の定義ファイル(JSON)をインポートしてみましょう。

Import skill タブの「Choose JSON File」ボタンをクリックします。

ファイル選択ダイアログが表示されるので、下記のURLからダウンロードしたJSONを読み込みます。

https://drive.google.com/drive/folders/1UXirWwqvigR0H1XRrTy4llkspYsJeSYT

ファイルを選択したら、「Import」ボタンをクリックします。(**図4-65**)

図4-65　Skill定義ファイルのインポート

これで完了です。
カスタマイズしたい方は、これを元に改変するか、新規に作ってみてください。

[4] Node-RED サービス作成

今回Node-RED は「IBM Cloud」上のものを使います。
「IBM Cloud」では Node-RED はデフォルトで環境が用意されています。
左上の「ナビゲーションメニュー」から「アプリ開発」を選択します。

「Build with IBM Cloud」という画面に遷移するので、「スターター・キット」
からフィルターで "Node-RED" で絞り込み「Node-RED」を選択します。（図4-66）

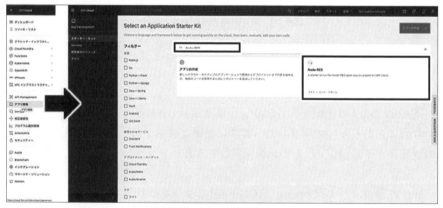

図4-66　アプリ開発メニュー

「アプリの作成」ボタンをクリックし、アプリ名はデフォルト値のまま「作成」
ボタンをクリックします。

[4-5]　Node-REDとWatsonを使って「LINEチャットボット」を作る

　「Cloudant」（Node-REDに接続するデータベース）のサービスを作るのでリージョンを任意の場所で選択し「作成」ボタンをクリックします。

　サービス作成後「アプリのデプロイ」ボタンをクリックします。（図4-67）

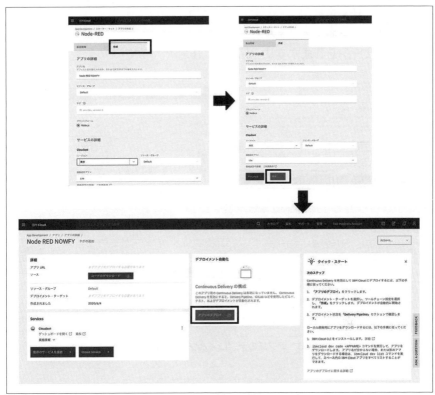

図4-67　Node-REDサービスの作成

　デプロイするにあたり、「Create a new API key with full access」というダイアログが表示されAPIキーの生成を促されます。
　そのまま「OK」ボタンをクリックします。

　メモリ割り当て量やデプロイするリージョンを設定し「作成」ボタンをクリックします。
　「ツールチェーン画面」が表示されたら、「Delivery Pipeline」の名前をクリックします。（図4-68）

173

設定値の例として下記を参考にしてください。

メモリ割り振り：256MB

デプロイするリージョン：任意 ※ここではダラスを選択（東京は選択肢に無い）

ホスト：デフォルト値 ※変更f可だがインターネット上で一意になる文字列

ドメイン：任意選択 ※ここではデフォルトドメインを選択

ツールチェーン名：デフォルト値 ※変更可

ツールチェーンを作成するリージョン：任意 ※ここでは東京を選択

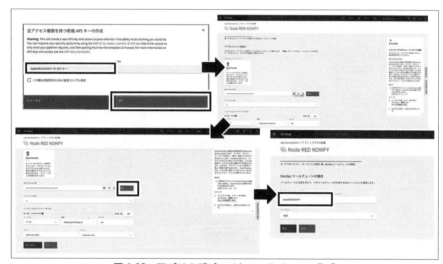

図4-68　アプリのデプロイとツールチェーン作成

Delivery Pipelineの「名前」を選択して、ツールチェーン画面へ遷移します。

パイプライン画面にて「Deploy」パネルのステータスが緑色で「ステージは成功」となったら完了です。

「コンソールの表示」リンクをクリックします。（図4-69）

図4-69　ツールチェーンからのデプロイ

　IBM Cloudの「コンソール画面」が開いたら、ステータスが実行中になっていることを確認し、「アプリURLにアクセス」リンクをクリックします。
　別ウィンドウで「Node-REDフローエディタ」が起動します。（図4-70）

図4-70　IBM Cloudコンソール画面からNode-REDを起動

[5] Node-RED と Watson Assistant の接続
　Watson Assistant を、Node-RED と接続します。
　この「接続」という概念は IBM Cloud 独自のもので、予め同一環境上で接続させたサービス同士は API認証実装が不要になります。

　Node-RED の環境に Assitant を接続します。

　作った Node-RED アプリの画面から、接続メニューを選択し「接続の作成」ボタンを選択。

　「Watson Assistant」を選択して、「次へ」ボタンをクリックします。

＊

　その後「接続の作成画面」が表示されるので、項目はすべてデフォルト値のまま「接続」ボタンをクリックします。

　「再ステージング」が促されるので従ってください。

　「再ステージング」が完了したら、「フローエディタ」にアクセスしてください。（図4-71）

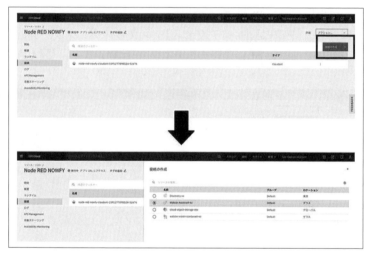

図4-71　Node-RED へ Watson Assistant を接続

[6] Node-RED フローの作成

　Node-RED では、LINE から「Webhook」で呼び出されるサーバーサイド処理を作ります。

　「Watson Assistant API」を呼び出すのも、この Node-RED になります。

　完成版のフローはこちらです。（図4-72）

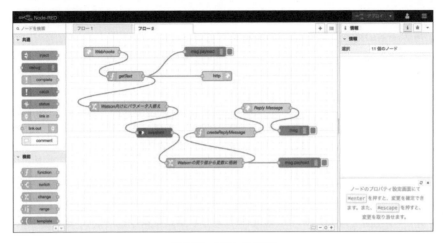

図4-72　フロー完成図

　完成版のフローをインポートするには、下記からダウンロードした「JSON
ファイル」をフローエディタへ読み込みます。（**図4-73**）

https://drive.google.com/drive/folders/1UXirWwqvigR0H1XRrTy4llkspYsJeSYT

　読み込み方法は「クリップボードから貼り付け」「ファイルインポート」「プロ
ジェクト機能を利用」…と、いくつかあります。
　今回は、シンプルに「JSONをクリップボードから貼り付ける方法」を取ります。

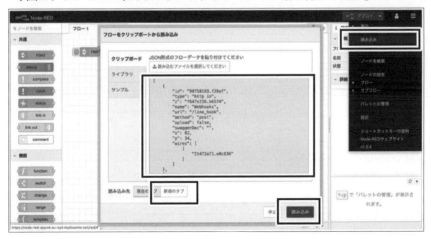

図4-73　フロー定義のJSONをインポート

これでフローは完成です。

各ノードの細かい設定はこの後編集していきます。

ノードの解説

主要なノードを解説していきます。

[1] http in

いちばん最初のノードである「http in」ノードでは、このサーバーサイドアプリケーション（実態は Node.js アプリ）を呼び出すための URL のパスを設定します。

GitHub からダウンロードした定義を復元するとここのパスには "/line_hook" が設定されています。

こちらは、好きな文字列へ変更してもけっこうです。

Node-RED 自体がそもそも「Node.js」のウェブアプリケーションなので、IBM Cloud（PaaS）上で作った Node-RED の環境では、すでに URL が割り当てられています。

この URL に、「http in」で指定したパスを繋ぎ以下のような URL になります。

---

https://＜IBM Cloud で作った際の Node-RED のアプリ URL のドメインまで＞/＜http in で指定したパス＞/

［例］

Node-RED の URL	https://fillgapapp01-nodered01.mybluemix.net/red/
ここで指定した URL	https://fillgapapp01-nodered01.mybluemix.net/line_hook/

[2] Function

次に、「Function」ノードの中を確認しましょう。

1 つ目の「Function」ノード「getText」は、LINE の API が Node-RED の「Webhook URL」を呼び出した時に渡してくる「返信用トークン」の値を保持しておくための処理です。

```
//flowへ格納
flow.set("replyToken",msg.payload.events[0].replyToken);return msg;
```

flowへ格納した値は、同じフロー内であればいつでもどこでも取り出せます。

次に、「Watson Assistant API」を呼び出します。

AssistantのSkill IDを設定します。

「Skill ID」（旧Workspace ID）は、「Watson Assistant」ツールから確認できます。

Skills画面にて先程作った（インポートした）Skillのメニューから「View API Details」を選択しSkill IDを取得し、「Assistant」ノードの設定パネルへ貼り付けます。（**図4-74**）

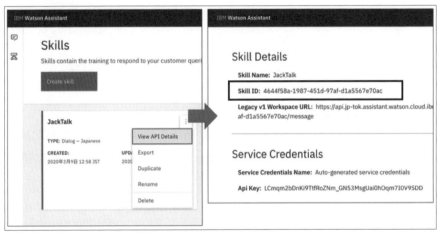

図4-74　Skill IDの設定

最後に、2つ目の「Function」ノードでLINEに返却する会話文を組み立てています。

その中の「LINEで生成するアクセストークン」は、この後生成したらその値に置き換えます。

```
var post_request = {
  "headers": {
    "content-type": "application/json; charset=UTF-8",
```

```
    "Authorization": " Bearer " + "{LINEで生成するアクセストークン}"
  },
  "payload": {
    //"replyToken": msg.payload.events[0].replyToken,
    "replyToken": flow.get("replyToken"),
    "messages": [
      {
        "type": "text",
        "text": msg.payload.optext + "٩^•ₔ•^٩"
      }
    ]
  }
};return post_request;
```

■LINE側の作業

下記URLから、LINE Developerサイトへログインします。

アカウントが無い場合はスマホから作るか、「QRコード認証」でログインしてください。

```
https://developers.line.biz/ja/
```

本記事はNode-REDがメインなのでLINE側の登録手順は詳細には記述しません。

必要に応じ「LINE公式サイト」などを参照してください。

手　順

[1] LINE Developer設定

LINE Developer登録の手順を簡単に説明します。

以下の流れに沿って進めて下さい。

```
1. プロバイダーの作成
2. チャネルの選択(Messaging API)
3. チャネルアイコンの設定(任意)
4. チャネル名の設定
5. チャネル説明の記載
6. カテゴリ、サブカテゴリ(何でもOK)
7. メールアドレス
```

ここまでを設定し、作成します。

アイコンファイルに適当なものが見つからない場合は、こちらのファイル（cat.jpg）が利用できます。

https://drive.google.com/drive/folders/1UXirWwqvigR0H1XRrTy4llkspYsJeSYT

「作成」ボタンのクリック後、情報利用についての同意を求められるので同意します。
次に、メッセージングAPIタブを選択します。

図4-75　Messaging API設定

下の方にスクロールすると、「Webhook」の設定項目があるので、前述の「Webhook URL」を設定します。
「Webhook URL」を有効化して、応答メッセージ設定に続きます。

図4-76　Webhookの有効化と応答メッセージ

新しい画面が開いたと思うので、自動応答を「無効化」します。

LINEは、そもそもそれ単体でチャットボットを作ることができます。

今回は、外部AIであるWatsonにチャットボットエンジン部分を担わせているため、LINEで自動応答しないようにします。

以下の画像の通りに設定します。

図4-77　自動応答をオフに

[2] Watson Assistant に LINE のチャネルアクセストークンを設定

最後に、「チャネルアクセストークン」を生成してください。

生成したトークンを Node-RED フローエディタ内にある、「Function」ノードの中に記載します。

これですべて完了となります。

```
"Authorization": " Bearer " + "{hKJCtkK3qoY/9woOlBiPhLtrXjc51eX7UhCw7
SBURBPwVCEMBstNo+amxjO+jWyllvnl51vGu34KV2YNCeybUcWN9uKO1rRqZb+8w5Yu8J
AlMTBKZAwz/AuaoZZN64SQdrF88jkWIg9TKxKk4IuArQdB04t89/1O/w1cDnyilFU=}"
},
```

※ここで記載しているトークンはサンプルですのでこれをそのまま記載しても動作しません

■動作確認

「メッセージングAPI設定画面」に「QRコード」が表示されているので、これを自分のスマホのLINEアプリから、「友達追加」→「QRコード」で追加します。（図4-78）

図4-78　QRコードから友達追加

無事、みなさんのお持ちのスマホ上へ、このチャットボットが登場し使えるようになったのではないでしょうか。

ぜひ、これをベースにアレンジを加えて試してみてください。

4-6　Node-REDで使える「ノード」を作ってみる

Node-REDにはさまざまなノードが標準で用意されていますが、今回はオリジナルのノードを作成して、動かしてみます。

また、そのノードを「Node-RED Library」で公開して、世界中の人に使ってもらえるようにしてみましょう。

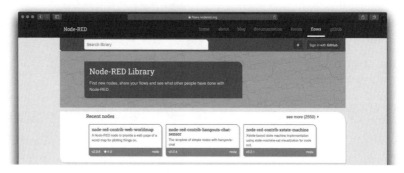

図4-79　Node-RED Library

■「天気予報情報取得ノード」を作ってみる

先の「3-3　『電子ペーパー』を使って『天気予報』を表示」では、Raspberry Piに接続した電子ペーパーに天気予報を表示する制御をしました。

そのときは、livedoor 気象情報「Weather Hacks」を使用し、天気予報情報を取得するフローを設計しました。

今回は、「天気予報情報を取得する」部分のフローを、「ノード化」してみます。

■ノードの仕組み

ノードは、Node-REDが動作しているNode.js環境上で再利用可能な形でパッケージ化された「npmモジュール」という形で作られています。

したがって、自分自身でノードを作ろうとする際も、基本的には「npmモジュール」を作成する手順とほぼ同じです。

　ただし、Node-REDのノード向けに、別途必要なファイルやパラメータの設定が必要になります。

　詳細は「Node-RED User Group Japan」の「はじめてのノード開発」でも確認できますので、併せて御覧ください。

```
https://nodered.jp/docs/creating-nodes/first-node
```

■ノードを作ってみる

　先ほどの、「はじめてのノード開発」を参考にしながら、早速ノードを作ってみましょう。
　今回のノードは、下記の「GitHubリポジトリ」で公開していますので、そちらも活用してください。

```
https://github.com/pokiiio/node-red-contrib-lwws
```

手 順

[1]環境
　今回は、Raspberry Pi上でノードの開発・動作確認を行ないました。
　下記の環境を前提に進めていきます。

- ・Raspberry Pi 3 Model B+
- ・Raspbian OS (Buster, ver. February 2020)
- ・Node-RED (ver. 1.0.3, 上記OSにプリイン)

　上記環境を前提に、ノード作成で主に必要となる下記のファイルを作っていきます。

- ・package.json
- ・JavaScript ファイル
- ・HTML ファイル

[2] package.json を作る
　「package.json」はnpmモジュールの情報を記述する、必要不可欠なファイルです。

このファイルは「npm」コマンドを使うと簡単に作成できます。

まず、開発を進めていくフォルダを作り、コマンドを実行します。

```
$ mkdir node-red-contrib-lwws
$ cd node-red-contrib-lwws
$ npm init
```

後でノードを公開することを想定し、パッケージ名は推奨されているプレフィックスを付けた「node-red-contrib-lwws」とし、フォルダ名はnpmモジュールのパッケージ名とします。

「lwws」は「Livedoor Weather Web Service」の略です。

「npm init」コマンドを実行すると、パッケージ名など、「package.json」で使われるパラメータをそれぞれ何にするかを聞かれます。

「npmモジュール」として公開しないのであれば、それぞれパラメータはデフォルトの値でかまいません。

パラメータの設定が完了すると、下記のような「package.json」ファイルが作成されます。

今回は公開することを踏まえて、このようなパラメータを設定しました。

```
{
  "name": "node-red-contrib-lwws",
  "version": "0.0.1",
 "description": "Node-RED node for Livedoor Weather Web Service.",
  "main": "weather-hacks.js",
  "scripts": {
    "test": "echo \"Error: no test specified\" && exit 1"
  },
  "author": "pokiiio",
  "license": "Apache-2.0"
}
```

この「npmモジュール」をNode-REDのノードとして使うためには、この
JSONファイルに、さらに次のような「node-redエントリ」を追加します。

```
{
  "name": "node-red-contrib-lwws",
  …(中略)…,
  "node-red": {
    "nodes": {
      "weather-hacks": "weather-hacks.js"
    }
  }
}
```

　このエントリでは「weather-hacks」というノードを作り、そのノードの処理
は「weather-hacks.js」に記述されている、ということを宣言しています。

　また、今回のノードではサーバに天気予報情報を問い合わせる機能を実装し
たいため、HTTP通信を行なうための「request-promise」モジュールを使います。

　その場合は、下記のコマンドを打つことでモジュールをインストールするこ
とができます。

```
$ npm install request request-promise --save
```

　このコマンドを実行すると、「package.json」に、「インストールしたモジュー
ルへの依存関係の情報」が自動で追記されます。

[3] weather-hacks.js を作る
　ノードで実際に行なわれる処理は、「JavaScript」で記述していきます。
　「はじめてのノード開発」を参考に、「weather-hacks.js」を、さきほどの
「package.json」と同じフォルダに作っていきます。

```
module.exports = function (RED) {
  function WeatherHacksNode(config) {
    RED.nodes.createNode(this, config);
    var node = this;
    var cityId = config.cityid;
    var request = require('request-promise');

    if (!cityId || cityId.length < 6) {
      // set to TOKYO.
      cityId = '130010';
```

```
    }

    node.on('input', function (msg) {
      request('http://weather.livedoor.com/ forecast/webservice/
json/v1?city=' + cityId)
        .then(function (response) {
          msg.payload = JSON.parse(response);
          node.send(msg);
        })
        .catch(function (error) {
          node.send(msg);
        });
    });
  }
  RED.nodes.registerType('weather-hacks', WeatherHacksNode);
}
```

　今回作りたいのは、ノードへ何かしらの「input」があった際に、ノードの設定画面で設定した地点の天気予報データを取得し、「msg.payload」に詰めて、次のノードに「output」として渡す、といったノードです。

　ポイントは以下の通りです。

・ノード設定画面で設定した値は、その関数の引数に含まれている（ここでは設定した地点データは「config.cityid」で取得できる）
・ノードでは、「input」イベントをリスナー登録することでノードへの入力を検知でき、これをトリガーとして天気予報データを取得する
・天気予報データはパースをして、オブジェクトとして「msg.payload」に詰めて次のノードに渡している

---

[4]「weather-hacks.html」をつくる
　HTMLファイルでは、ノードのUIに関する以下の要素を記述していきます。

・ノードの色やアイコン、Input/Outputの数の指定
・ノード設定画面のUI
・ノードの説明文

　まずは「ノードの色やアイコン、Input/Outputの数の指定」から記載してきます。

```
<script type="text/javascript">
    RED.nodes.registerType('weather-hacks', {
        category: 'function',
        color: '#c0deed',
        defaults: {
            name: { value: '' },
            cityid: { value: '130010' }
        },
        inputs: 1,
        outputs: 1,
        icon: 'white-globe.png',
        label: function () {
            return this.name || 'weather-hacks';
        }
    });
</script>
```

上記のように、ノードの外観を指定していきます。
また、後述のノードの設定値の初期値もここで設定していきます。

次に、ノードの設定画面のUIを指定します。

```
<script type="text/x-red" data-template-name="weather-hacks">
    <div class="form-row">
        <label for="node-input-name"><i class="icon-tag"></i> Name</label>
        <input type="text" id="node-input-name" placeholder="Name">
    </div>
    <div class="form-row">
        <label for="node-input-cityid">City ID</label>
        <input type="text" id="node-input-cityid" placeholder="City ID">
    </div>
</script>
```

先ほどの「weather-hacks.js」で使う「地域の情報」や、ノードをフローに配置した際に表示される「名前」の設定ができるように、それぞれの値を設定できるようにしています。

最後に、「ノードの説明文」を指定します。

```
<script type="text/x-red" data-help-name="weather-hacks">
    <p>Get weather information from Livedoor Weather Web Service.</p>
</script>
```

この文章は、Node-REDの画面左側のパレット上に並んだノードに、マウスオーバーを行なった際などに表示される説明文に使われます。

これらを1つのHTMLにまとめたら、「weather-hacks.html」は完成です。

■作ったノードを使ってみる

ノードの実装が完了したら、Node-RED環境にインストールして、使ってみましょう。

```
$ cd ~/.node-red
$ npm install（作成したフォルダへのパス）
$ node-red-stop
$ node-red-start
```

上記のように、ホームディレクトリ直下の「.node-red」フォルダで、「node-red-contrib-lwws」フォルダを指定して、「npm install」を実行することで、インストールが完了します。

実際にノードを使うには、「Node-REDの再起動」が必要になります。

図4-80　インストールされたノード

再起動後、ノード一覧には「weather-hacks」ノードが追加されています。

[4-6] Node-REDで使える「ノード」を作ってみる

■ノードを公開してみる

　ここまでノードを作ってきましたが、手元のローカル環境で動作させただけでした。

　このノードを公開することによって、誰でもこのノードを使えるようになり、インストール手順も非常に簡単になります。

　下記のページでは、「npmモジュール」として公開し、Node-REDのライブラリに登録する方法が書かれています。

https://nodered.jp/docs/creating-nodes/packaging

　今回は、この流れに沿ってノードを公開してみます。

●「Github」に公開する

　まずは、今まで作ったファイルをGitHubに公開します。

　GitHubのアカウントを取得した上で、最初に作ったフォルダ名である「node-red-contrib-lwws」という名前のリポジトリを作り、そこにファイルをプッシュしていきます。

　ここで、後段の「npm」への公開で必要になる下記のファイルを作成し、あわせて公開します。

・LICENSEファイル：公開するコードの権利関係を明文化しておく。
・README.md：ノードの機能や使い方をMarkdown形式で記しておく。

　実際に公開している「GitHubリポジトリ」はこちらです。

https://github.com/pokiiio/node-red-contrib-lwws

●「npm」に公開する

　次に、「npm」に公開していきます。

　「package.json」を作成したときに使った「npm」コマンドを使うと、Node.js向けのモジュールとして「npm」で公開することができます。

　あらかじめ「npm」でアカウントを取得し環境設定した上で、先程のリポジ

トリをクローンしてできた、ローカルリポジトリのルートフォルダで、下記の
コマンドを実行します。

```
$ npm publish ./
```

これで、作ったモジュールを「npm」に公開することができます。

図4-81　npmで公開しているモジュールのページ

*

　公開後は、下記のURLのようなページが作成され、公開されたモジュール
を確認することができます。

```
https://www.npmjs.com/package/node-red-contrib-lwws
```

　これにより、下記のコマンドを実行するだけで、今回作成したモジュールを
インストールできるようになります。

```
$ npm install node-red-contrib-lwws
```

●「Node-RED Library」に公開する

　npmにモジュールを公開されただけでは、ノードをインストールして使お
うとした場合、上記のコマンドを叩く必要があり面倒です。

　ただし、Node-RED Libraryに登録されると、コマンドを実行せずとも、
Node-REDのUIからノードのインストールができるようになり、利便性が向
上します。

```
https://flows.nodered.org/
```

2020年4月から、「Node-RED Library」への登録は非常に簡単になっています。ただし、公開には下記の条件を満たしている必要があります。

・package.jsonのkeywordsに「node-red」が含まれている(重要)
・モジュール名にプレフィックス「node-red-contrib-」がついている
・README.mdやLICENSEが存在し、適切な内容が書かれている
・上記の3つの条件を満たした状態でnpmで公開されている

条件さえ整えば、下記のURLから登録したい「npm」モジュール名を入力して送信することで、即時に登録することができます。

https://flows.nodered.org/add/node

図4-82 Node-RED Libraryで公開しているノードのページ

実際に「Node-RED Library」に登録されると、このようなページが出来ます。

https://flows.nodered.org/node/node-red-contrib-lwws

図4-83 Node-REDの設定画面から公開したノードを検索

「Node-RED Library」に公開されると、Node-REDの設定画面の「パレットの管理」→「パレット」→「ノード」にある追加]の検索窓から検索することができ、その場でインストールも可能になります。

■ノードを使ってみる

「weather-hacks」ノードで取得できた「最高気温」「最低気温」のノードを、Raspberry PiにI2C接続したOLEDディスプレイに表示してみようと思います。

図4-84　OLEDに気温を表示するフロー

「node-red-contrib-oled」と言う、Node-REDからOLEDを扱えるノードを使います。

先ほどのNode-REDの設定画面から「oled」を検索すると、ノードが見つかるので、そこからインストールできます。

図4-85　予想気温をOLEDに表示する（Raspberry Pi Zero Wで実行）

このノードを使うと、図のように予想最高気温と最低気温を、簡単にOLEDに表示できます。

*

今回はノードを自作してみました。

さらに、下記のページではnpmモジュールとして公開し、Node-REDのライブラリに登録する方法が書かれています。

https://nodered.jp/docs/creating-nodes/packaging

とびっきりのノードが出来たら、ぜひ公開をして、いろいろな人に使ってもらいましょう。

| 4-7 | 「Giphy」の画像を返すボットをNode-REDで作る |

ボットを作りたいと思っても、サーバを立ててコード書いて…などと考えると、手を出しにくいです。

しかし、Node-RED を使え
ばコードを一切書かずにボット
の開発ができてしまいます。

ここでは、SlackBotに「gif/
cat」や「gif/dog」などと話しか
けると、gif画像を探して、表
示してくれるボットを作ります。

図4-86　動作例

■下準備

今回使う、「Slack」「Node-RED」「Giphy」それぞれの下準備を行ないます。

●Slack

あまり項目が多くなると見づらくなるため、基本的には「小見出し」までに抑
えて構成してください。

手　順

[1]「Slack」にアプリケーションを追加する

「Slack」にボットを追加するには、まずアプリケーションを自身のSlackに追
加しなくてはいけません。

```
https://[your_project].slack.com/apps
```
にアクセスして、「bots」と検索します。

[2]一覧から「Bots」を選択し、「Slackに追加」を押す

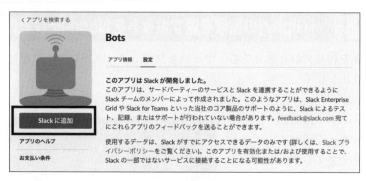

図4-87　Botsの詳細

　リクエストが受け入れられると、「Add Configuration」に変わるので、ボタン
を押し、アプリケーション名入力すれば完了です。

　先ほどの「Request to Install」ボタンを押したページに、新たな行が追加され
ているので、「Edit」ボタンを押して先に進み、「API Token」を控えておきます。

> ※アイコンや名前を変えたい人は、この画面の「Customize Icon」「Full Name」
> で変更しておきましょう。

●Node-RED

手 順

[1] サーバの立ち上げ

　ボットのサーバになるには、Web上にNode-REDが無くてはいけません。

　公式のドキュメントにクラウドでのサーバの立ち上げ方が載っているので、参
考にしてください。

```
https://nodered.jp/docs/getting-started/
```

　IBM Cloudだと数クリックで立ち上がるので便利です。

[2] 「slack」のノードを追加

　Node-REDが立ち上がったら、メニューの「パレットの管理」から「ノードを追
加」を選び、「node-red-contrib-slack」を検索して、ノードを追加します。

図4-88　検索結果

　インストールが完了すると、「ノードパレット」に「Slack」
のノードが追加されます。

図4-89　追加されたノード

[3] フィールドに各ノードを追加
　フィールドに「slack-rtm-in」「slack-rtm-out」「function」「debug」ノードを配置
します。

　配置した「slack-rtm-in」ノードをダブルクリックし、「Slack Client」の項目で
「新規にslack-configを追加」を選択して、右の鉛筆ボタンを押します。

　名前を設定し、控えておいたボットの「API Token」を「Token」の項目に入力
し、「追加」を押して完了します。
　「events」の中身は「message」と入力します。

　「slack-rtm-out」ノードに今追加したSlack Clientが追加されているので、選
択して完了します。

[4] 「fiction」ノードに記述
　「function」ノードには、次のように記述します。

functionノードに入力するコード

```
msg.topic = "message";
msg.payload = {
    channel: msg.payload.channel,
    text: msg.payload.text
}
return msg;
```

[5] ノードをつなぐ

最後にその4つのノードを、以下のようにつないでください。

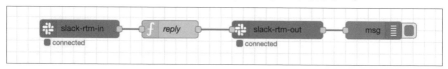

図4-90　各種ノード配置例

「デプロイ」をすると、2つのノードに「connected」と表示されます。

この状態でボットに直接話しかけてみて、送った言葉をそのまま返せば、正常に動いています。

動作を確認してみてください。

●Giphy

今回は画像表示のために「Giphy」というgif画像のアップロードサイトのAPIを活用します。

手　順

[1]「Gyphy」のユーザー登録

まずは「Giphy」のサイトで、ユーザー登録をします

```
https://developers.giphy.com/
```

[2] API keyの発行

ページ上にある「Get Started」から「Create an App」に行き、API keyを発行します。

今回はAPIを使うので、下のチェックボックスにチェックを入れます
発行が完了したら、表示されている「API Key」を控えておいてください。

図4-91　登録画面

■ボットの実装

今までのものをベースにして、Node-REDでロジックを組んでいきましょう。

作るもののイメージは、「Botに対して"gif/出したいgifのキーワード"を送ると、そのキーワードのgifURLをランダムで返してくれるもの」です。
たとえば「gif/cat」と話しかけると、「猫のgif」を返してくれる、というものです。

＊

ロジックが長くなるので、先に今回のフローの全体図を示しておきます。

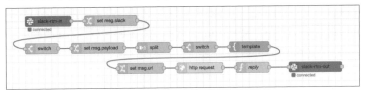

図4-92　フロー全体図

手 順

[1] ノードを配置

まずは、上記の図と下の表を参考に各ノードを配置して繋いでください。

表4-1　各ノードの説明

順番	ノード名	説 明
1	slack-rtm-in ノード	Slackからのメッセージを受け取ります
2	change ノード	受け取ったpayloadをmsg.slackに代入します。これはpayloadがここから先、別の情報で上書きされてしまうのでいったん退避させておくためです
3	switch ノード	「gif/」の文字列が入っているか確認し、入っていれば次に進みます。これはコマンドであるかを判断するためです
4	change ノード	payloadにslack.textを代入しています。次に続くsplitノードへの下準備です
5	split ノード	gif/xxx の文字列を [gif, xxx]に分割します
6	switch ノード	gifの文字列を排除し、後半のキーワードだけを残します
7	template ノード	キーワードをgiphyのAPIにセットします
8	change ノード	キーワードをgiphyのAPIにセットします
9	http requesrt ノード	APIを問い合わせます。
10	function ノード	問い合わせのpayloadを作成します
11	slack-rtm-out	slackにメッセージを送信します

こうして見ると手順が長く、複雑に見えますが、

「gif/xxxx」から「xxxx」だけを抽出し、URLに組み込んで問い合わせて、結果をSlackに返す…、という簡単なロジックになっています。

「change」ノードが多いだけで、難しいことは特にやっていません。

ポイントは、2の最初のpayloadを「msg.slack」に退避させることです。

最後にSlackへメッセージ送信するときに、「channel情報」が必要になるため、これをしておかないと困ることになります。

さて、それではそれぞれを設定していきましょう。

[2]「slack-rtm-in」ノード

ここを入り口にして、Slackからメッセージ情報が送られてきます。

「Debug」ノードをつなぐと、とても多くの情報が入っていることが確認できます。

実際に、今回使うのは、「payload」の「text」と「channel」だけです。

[3]「change」ノード

ここで、受け取った「payload」を「msg.slack」に代入します。

上記のように、上の値に「値の代入」で「msg.slack」を入力し、対象の値に、「mss.payload」を設定します。

[4]「switch」ノード

ここで、送られてきた文字列が「コマンドなのかどうか」を判断します。

図4-93　入力例

msg.slack.text を対象に「matches regex」で「^gif/.*$」と設定します。

ここでは、正規表現で「前方一致でgif/があるか」を設定しています。

[5]「change」ノード

「split」ノードを正しく動かすために、「payload」に「msg.slack.text」を代入します。

上の値に「値の代入」で「msg.payload」を入力し、対象の値に「mss.slack.text」を設定します。

これをせずに渡してしまうと、「slack-rtm-in」から渡された、「Slack」のオブジェクトを渡してしまうことになるので気をつけましょう。

[6]「split」ノード

渡されてきたgif/xxxxのテキストを "/" を使って分割します。

「分割」の設定項目に「/」を設定します

[7]「switch」ノード

「split」で、分割された文字列が渡されてくるので、コマンドである「gif」を除外します。

条件に「!=」「gif」と設定しましょう。

[8]「template」ノード

抽出した文字列を「URL」に組み込みます。

以下のURLを入力し、[giphy_API_key]の部分を、控えておいた「GiphyのAPI Key」に変更してください。

```
https://api.giphy.com/v1/gifs/random?api_key=[giphy_API_key]&tag={{payload}}&rating=G
```

実行時に {{payload}} 部分に抽出された文字列が代入され、API問い合わせのURLが完成します。

[9]「changen」ノード

作ったURLをmsg.urlに代入し直します。

この後に使う「http request」にURLを渡すために、これを行なう必要があるからです。

ノードを開き「値の代入」を選んだら、上のボックスには「msg.url」を入力し、下のボックスには「msg.payload」を入力します。

[10]「http request」ノード

ここで、ようやく作ったURLを使ってAPIを叩きます。

図4-94　設定例

ノードを開き「メソッド」を「GET」に、「出力形式」を「JSONオブジェクト」にします。

URLは未記入のままで大丈夫です。

ここで、出力形式を「JSONオブジェクト」にすることを忘れないでください。

デフォルトだと平文の文字列で出てきてしまうので、扱いが面倒になります。

[11]「function」ノード

「slack-rtm-out」に渡すために情報を整形します。

以下のようにコードを入力してください。

```
msg.topic = "message";
msg.payload = {
    channel: msg.slack.channel,
    text: msg.payload.data.images.downsized_large.url
}
return msg;
```

[12]「slack-rtm-out」ノード

　ここから Slack にメッセージを投げます。

　「Slack client」の値がきちんと設定されていることを確認しましょう。

　これで、設定はすべて完了です！

＊

　「デプロイ」して、Slackで直接「gif/cat」と話しかけてみてください。

　すると、botが猫のGIF画像を渡してくれるはずです。

　これで仕事の合間に「癒やし画像」を見るのも簡単になりますね。

■応用してみよう

　ここまでの設定で作ったものは、チャンネルにAppを招待して話しかけてもうまく動かない作りになっています。

　これは、チャンネルでメンション付きでbotに話しかけた場合、「slack-rtm-in」に入ってくる「payload.text」の値に、「ユーザーID」が入ってきてしまうからです。

　そのユーザーIDを除外するロジックをフロー内に入れることができれば、動作します。

　ぜひチャレンジしてみてください。

索 引

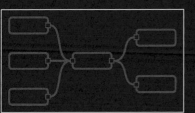

索 引

五十音順

[著者プロフィール]

Node-RED ユーザーグループ ジャパン

2015 年発足。Node-RED を広めるため勉強会の開催や Node-RED ドキュメントの和訳プロジェクトも行なう。2019 年には Node-RED Con Tokyo 2019 カンファレンス開催。

田中　正吾 (たなか　せいご)

いろいろするフリーランスエンジニア。フロントエンド技術を軸に IoT や VR/MR にも関わり、Node-RED も絡める。ウォンバットが好き。

古城　篤 (こじょう　あつし)

(株) ウフル CTO。2014 年から Node-RED に目をつけ、自社サービスの enebular にフローエディタとして採用。

萩野　たいじ (はぎの　たいじ)

IBM Developer Advocate。Node-RED UG で は Node-RED on IBM Cloud のエキスパートとして運営に参画。

横井　一仁 (よこい　かずひと)

日立製作所 OSS ソリューションセンタのエンジニア。GitHub 上の Node-RED 開発チームに所属し、エディタの日本語対応や品質向上で貢献。

大平　かづみ (おおひら　かづみ)

フリーランスエンジニア。「Microsoft Azure x OSS」をテーマに、サーバーサイド開発、IaC から IoT まで幅広く活動。

上津原　一利 (うえつはら　かずとし)

なんでもエンジニア。デザイン、フロント、サーバーサイド、モバイルアプリなどを経験し、今は 3D とインフラに奮闘中。

永井　里奈 (ながい　りな)

クラウドと IoT と可愛いガジェットが大好き。目指す先は、なんでもできちゃうスゴいエンジニア。

岡田　裕行 (おかだ　ひろゆき)

Node-RED でプログラミングできるロボットの開発に従事。プライベートでは、Android 上で Node-RED が動くアプリを開発・販売中。

水津　幸太 (すいず　こうた)

日本情報通信 (株) のテクニカルセールス。Node-RED を使い AI や IoT の柔軟な開発を提案中。プライベートで、ときどき Node を開発し公開している。

前原　圭祐 (まえはら　けいすけ)

普段は組込みソフトのエンジニア。Node-RED がきっかけで IoT もの作りに目覚める。Node-RED とマイコン連携が大好き。

中畑　隆拓 (なかはた　たかひろ)

スマートライト(株)にて国際規格の DALI や KNX を使い設備制御する日々。Society5.0 は設備制御で実現してみせる! と叫ぶ男。

ポキオ (ぽきお)

ソフトウェアエンジニアっぽい。ビールのみたい。クルマだいすき。京急は神。@pokiiio。

本書の内容に関するご質問は、
① 返信用の切手を同封した手紙
② 往復はがき
③ FAX (03) 5269-6031
　(返信先の FAX 番号を明記してください)
④ E-mail　editors@kohgakusha.co.jp
のいずれかで、工学社編集部あてにお願いします。
なお、電話によるお問い合わせはご遠慮ください。

「サポート」ページは下記にあります。
【工学社サイト】 http://www.kohgakusha.co.jp/

I/O BOOKS

実践 Node-RED 活用マニュアル

2020年6月25日　初版発行 © 2020	著　者	Node-RED ユーザーグループ ジャパン
	発行人	星　正明
	発行所	株式会社 工学社
		〒160-0004 東京都新宿区四谷4-28-20 2F
	電話	(03) 5269-2041 (代) [営業]
		(03) 5269-6041 (代) [編集]
※定価はカバーに表示してあります。	振替口座	00150-6-22510

[印刷] 図書印刷 (株)　　　　　　　　　　　　　　　　　ISBN978-4-7775-2111-1